Schnittpunkt 4

Mathematik
Baden-Württemberg

Lösungen

Ernst Klett Verlag
Stuttgart · Leipzig

Schnittpunkt 4, Mathematik, Baden-Württemberg

1. Auflage 1 9 8 7 6 5 | **13 12 11 10 09**

Alle Drucke dieser Auflage sind unverändert und können im Unterricht nebeneinander verwendet werden. Die letzten Zahlen bezeichnen jeweils die Auflage und das Jahr des Druckes.

Redaktion: Isabelle Hetzler, Elke Linzmaier

Zeichnungen: media office gmbh, Kornwestheim
Umschlagfoto: Fotosearch RF (image 100), Wankesha, WI

Reproduktion: Meyle + Müller, Medien-Management, Pforzheim
DTP / Satz: media office gmbh, Kornwestheim
Druck: Gutmann GmbH & Co., 74388 Talheim
Printed in Germany

ISBN 978-3-12-740383-1

9 783127 403831

Inhalt

1 Rechnen mit Termen

Auftaktseite: Rechtecke legen

Seite 12 bis 13

- Sandra und Daniel haben beide Recht. Es kommt darauf an, wie man zählt. Sandra zählt ein großes Quadrat (n^2), drei Rechtecke ($3n$) und zwei kleine Quadrate (2). Daniel berechnet den Flächeninhalt des großen Rechtecks mit der Formel Länge $(n + 2)$ mal Breite $(n + 1)$.
- Die Gesamtfläche kann man als $2n^2 + 8n + 6$ oder als $(2n + 2)(n + 3)$ angeben.
- Der Term $n^2 - 2n$ lässt sich nur darstellen, wenn man von dem Quadrat zwei Rechtecke abschneiden würde. Damit wäre ein möglicher Term für diese Fläche $(n - 2)n$.

1 Ausmultiplizieren. Ausklammern

Seite 14

Einstiegsaufgabe

➔ Beispiel: Die Flächenstücke $a \cdot r$ und $c \cdot r$ oder die Stücke $a \cdot r$ und $a \cdot c$ passen zusammen.

➔ Für die Beispiele oben erhält man $a \cdot r + c \cdot r$ bzw. $(a + c) \cdot r$ und im zweiten Fall $a \cdot r + a \cdot c$ bzw. $a \cdot (r + c)$.

➔ Die Summe der Einzelflächen besteht aus Produkten, deren einer Faktor eine Seitenlänge (z. B. a) des Rechtecks ist und deren anderer Faktor jeweils ein Teilstück der zweiten Seite des Rechtecks ist (z. B. r, s, t).

Seite 15

1

a) $4 \cdot 30 + 4 \cdot 6 = 120 + 24 = 144$
$5 \cdot 40 + 5 \cdot 3 = 200 + 15 = 215$
$6 \cdot 20 + 6 \cdot 4 = 120 + 24 = 144$

b) $7 \cdot 40 + 7 \cdot 4 = 280 + 28 = 308$
$8 \cdot 50 + 8 \cdot 3 = 400 + 24 = 424$
$9 \cdot 60 + 9 \cdot 5 = 540 + 45 = 585$

c) $30 \cdot 9 + 4 \cdot 9 = 270 + 36 = 306$
$8 \cdot 80 + 8 \cdot 2 = 640 + 16 = 656$
$9 \cdot 70 + 9 \cdot 3 = 630 + 27 = 657$

2

a) $6 \cdot (80 - 2) = 480 - 12 = 468$
$8 \cdot (40 - 2) = 320 - 16 = 304$
$7 \cdot (90 - 3) = 630 - 21 = 609$

b) $12 \cdot (30 - 3) = 360 - 36 = 324$
$11 \cdot (90 - 5) = 990 - 55 = 935$
$9 \cdot (70 - 1) = 630 - 9 = 621$

c) $13 \cdot (20 - 1) = 260 - 13 = 247$
$12 \cdot (50 - 2) = 600 - 24 = 576$
$15 \cdot (40 - 1) = 600 - 15 = 585$

3 a) $a(b + c) = ab + ac$
b) $x(r + s + t) = xr + xs + xt$
c) $m(n + 2n + 3f) = mn + 2mn + 3mf$
$= 3mn + 3mf$
d) $2s(e + 2f + c + d) = 2se + 4sf + 2sc + 2sd$

4 a) $5x + 10$ b) $x + xy$
c) $7a - 7$ d) $12m + 10mn$
e) $2xy - 4x$ f) $24g - 6fg$
g) $180a - 36ab$ h) $27ab - 36a^2$
i) $3{,}5z^2 + 0{,}75z$ j) $6r^2s - 9rs^2$

5 a) 3200 b) 54 c) 980

6 $5a(5 - 3a) = -(15a^2 - 25a)$
$(4c + 6b)7a = 42ab + 28ac$
$7a(-b + 2a) = 14a^2 - 7ab$
$3a(4a + 2b) = 6ab + 12a^2$
$25a - 15a$: keine Entsprechung
$7a^2 + 5ab$: keine Entsprechung
$35ab + 28ac$: keine Entsprechung
$7ab + 14a^2$: keine Entsprechung

7 a) $6x^2 - 9xy$ b) $4ab + 12ab = 16ab$
c) $-18ab + 8ac$ d) $-10ab + 15a^2$
e) $-27p^2 + 18pq$ f) $-15a^2b - 20ab^2$
g) $12x^2y - 18xy^2$ h) $7{,}5x^2y - 10xy$

8 a) $8(4x + 3y)$ b) $7x(7y + 3)$
c) $11y(2x + 3z)$ d) $9b(-5a + 3c)$
e) $20s(3t + 4s)$ f) $15vw(7v - 4)$
g) $12mn(-6m + 7n)$ h) $28xy(3xy - 2)$

9 a) $4a(11a - 24b)$ b) $3(10y^2 - 17z^2)$
c) $xy(25x - 16y)$ d) $xy(12x - 7z)$
e) $30xy(8y - 5x)$ f) $3xy(9x^2 - 11y)$
g) $5xy(2x - 7)$ h) $5xy^2(17 - 21x)$

10 a) $9x(4 + 3y) = 36x + 27xy$
b) $6a(2a - 9b) = 12a^2 - 54ab$
c) $(-5x)(2y - 4x) = -10xy + 20x^2$
d) $(-ab)(-a - b) = a^2b + ab^2$
e) $(s + 3rs)(-7s) = -7s^2 - 21rs^2$
f) $(-25xy - (-0{,}5y))(-4y) = 100xy^2 - 2y^2$

11 a) $5x - 3y$ b) $3t^2 - 5s$
c) $-4a - 3a^2$ d) $-3x + 4xy$
e) $24ab + 30bc$ f) $\frac{1}{2}x + \frac{3}{4}y^2$

Seite 16

Summenterm, Produktterm

- $(n + 1)2n = 2n^2 + 2n$
  $n(2n + 1) = 2n^2 + n$
  $(2n + 1)3n = 6n^2 + 3n$
- individuelle Lösungen

12 a) $4a + 4b + 12c$
b) $4x^2 + 8xy - 4xz$
c) $10a^2 - 2a^3 - 24ab^2$
d) $10x^2y - 14xy^2 - 6xyz$
e) $15x^2y - 3y^2 + 3y^2z$
f) $-18ru - 8su + 2u$
g) $10a^2b - 15ab^2 + 5abc$
h) $-18u^2 + 8uv - 2u$

13 a) $-8x - 12y$ b) $-11a + 17b$
c) $-4z + 12y$ d) $-2u + 3v - 4w$
e) $e + f^2 + g$ f) $0{,}5x - 0{,}8y^2$
g) $-q + r$ h) $-3a^2 - ab$

14 a) $(x + 3)4x = 4x^2 + 12x$
b) $2c(6a + 8b) = 12ac + 16bc$
c) $2z(1{,}5x + 6y) = 3xz + 12yz$
d) $3v(8r + t + y + w) = 24vr + 3vt + 3vy + 3vw$

15 a) $(-1)(a + 2)$ b) $(-1)(5 + x^2)$
c) $(-1)(12a - b)$ d) $(-1)(v - w^2)$
e) $(-1)(x - 2xy + y)$ f) $(-1)(-5a^2 - 4b^2 - 3c^2)$

16 a) $7mn(5 - 3m + 9n)$
b) $8xy(3y + 5x - 6)$
c) $9ab^2c(3 - 9abc - 6a)$
d) $-6abc(9ab + 3b - 8c + 10)$
e) $7xyz(6x^2y - xz - 2yz - 7xy)$

17 a) $6a + 9b$ b) $6x^2 - 9x$
c) $-5a^2b + 3ab$ d) $-12x^2 + 9y^2$
e) $7xy - 9yt$ f) $7ax^2 + 9by^2$

18 Sven hat vergessen, die 7 im Zähler auszuklammern. Er hat nur den Minuenden gekürzt.
a) $2a - 1$ b) $3xy + 1$
c) $1 - 2ac$ d) $9x^2 - 1$

2 Multiplizieren von Summen

Seite 17

Einstiegsaufgabe

➔ Der Flächeninhalt verändert sich. Beispiel: Länge 7k, Breite 4k. Nach Verkürzung bzw. Verlängerung der Seiten ist die Länge 5k und die Breite 6k. Der alte Flächeninhalt ist 28k, der neue ist 30k.

➔ Im Folgenden wird die Grafik des Schülerbuches zugrunde gelegt. Der Flächeninhalt des ursprünglichen Rechtecks ist $(n + 1)(n + 4)$, für den Fall $n = 5$ also 54 Kästchen. Beim veränderten Rechteck (eine Seite um 2 verkürzt, die andere dafür um 2 verlängert) ergeben sich $(n + 3)(n + 2) = 8 \cdot 7 = 56$ Kästchen, also 2 Kästchen mehr.

➔ Wenn $n = 6$ ist, so ergeben sich $(n + 1)(n + 4) = 7 \cdot 10 = 70$ Kästchen vor der Veränderung, nach der Veränderung sind es $(n + 3)(n + 2) = 9 \cdot 8 = 72$ Kästchen, also ebenfalls 2 Kästchen mehr.
Ist $n = 123$, so erhält man dasselbe Ergebnis (2 Kästchen mehr Flächeninhalt)

➔ Diese Beobachtung macht man bei allen Rechtecken!

Seite 18

1 a) $(n + 2)(2n + 1) = 2n^2 + 5n + 2$
b) $(2n + 1)(3n + 2) = 6n^2 + 7n + 2$
c) $(n + 1)(4n + 3) = 4n^2 + 7n + 3$
d) individuelle Lösungen

2 a) $n^2 + n$ b) $4n^2 + 8n$
c) $n^2 + 5n + 6$ d) $4n^2 + 12n + 9$
e) $4n^2 + 4n$ f) $2n^2 + 4n + 2$

3 a) $(n + 2)(n + 2)$

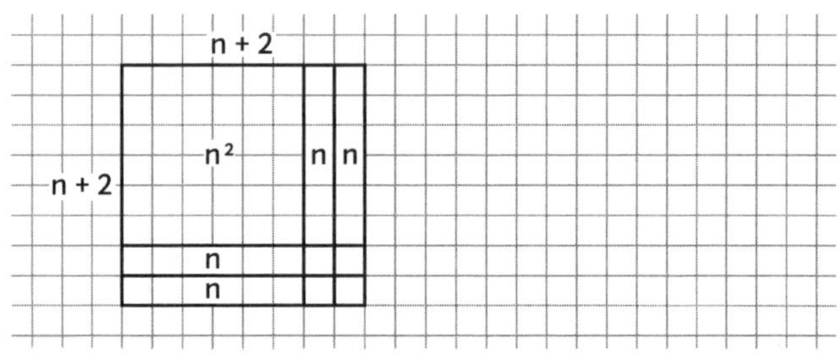

b) $(n + 3)(n + 4)$

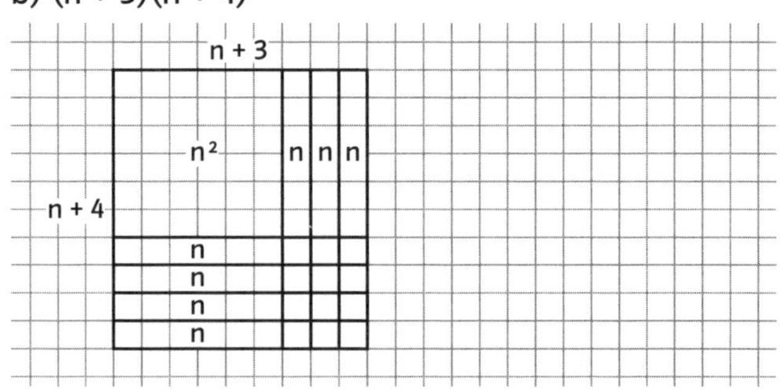

c) $(n + 2)(n + 3)$

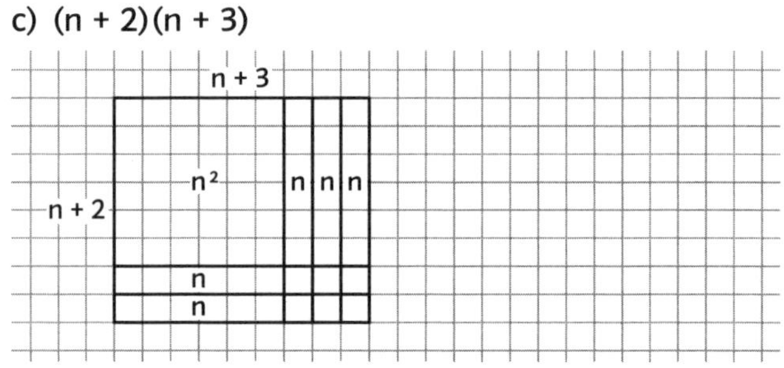

d) $(2n + 1)(n + 1)$

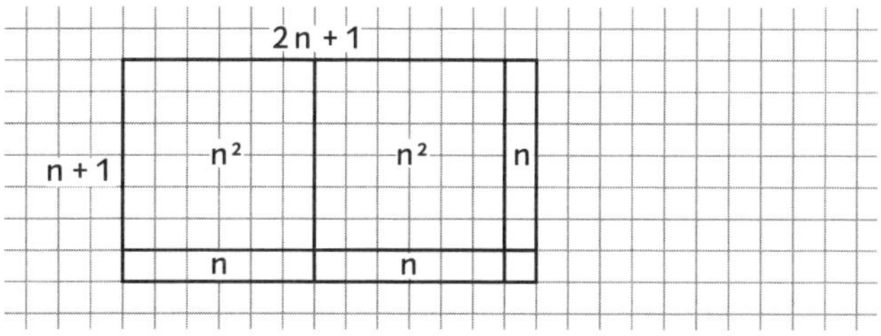

4 $16 \cdot 22$
$= (10 + 6)(20 + 2)$
$= 10 \cdot 20 + 10 \cdot 2 + 6 \cdot 20 + 6 \cdot 2$
$= 200 + 20 + 120 + 12 = 352$

a) 840 b) 1134 c) 1428
d) 4950 e) 1064 f) 884

5 a) $x^2 + 5x + 4$ b) $2x^2 + 7x + 3$
c) $6x^2 - 4x - 2$ d) $3x^2 - 13x + 4$
e) $6x^2 - 4x + 2y - 3xy$ f) $6x^2 + 7xy - 10y^2$

6 a) (△ + ◇)(◐ − ◫) = △◐ − △◫ + ◇◐ − ◇◫
b) (2□ − △)(◐ − 3○) = 2□◐ − 6□○ − △◐ + 3△○
c) (3◫ − 2○)(○ + 2△) = 3◫○ + 6◫△ − 2○²
− 4○△
d) (△ − 4□)(−□ + 3◐) = −△□ + 3△◐ + 4□²
− 12□◐
e) (◐ + 2○ + 3◇)(−◇ − ●) = −◐◇ − ◐● − 2○◇
− 2○● − 3◇² − 3◇●
f) (3◐ − 2○)(−◇ − 2◫ + ●) = −3◐◇ − 6◐◫
+ 3◐● + 2○◇ + 4○◫ − 2○●

7 a) $18ax + 6bx + 6ay + 2by$
b) $15ac + 20ad + 6bc + 8bd$
c) $48ur - 48us + 24vr - 24vs$
d) $30km - 20kn + 12im - 8in$
e) $135ts + 9tw - 60ws - 4w^2$
f) $24as + 18at - 28bs - 21bt$

8 a) $7{,}2xy - 18x + 15{,}36y - 38{,}4$
b) $14{,}4y^2 + 6xy - 8{,}4xy - 3{,}5x^2 = 14{,}4y^2 - 2{,}4xy$
$- 3{,}5x^2$
c) $-2{,}4a^2 + 120ab + 0{,}56ab - 28b^2 = -2{,}4a^2$
$+ 120{,}56ab - 28b^2$
d) $-0{,}6ur + 1{,}25rv - 7{,}68su + 16sv$
e) $0{,}05x^3y - 0{,}1xy^3 - 0{,}75x^3 + 1{,}5xy^2$

9

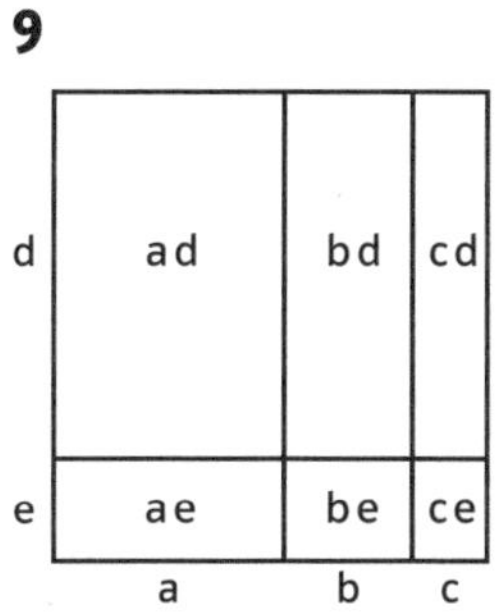

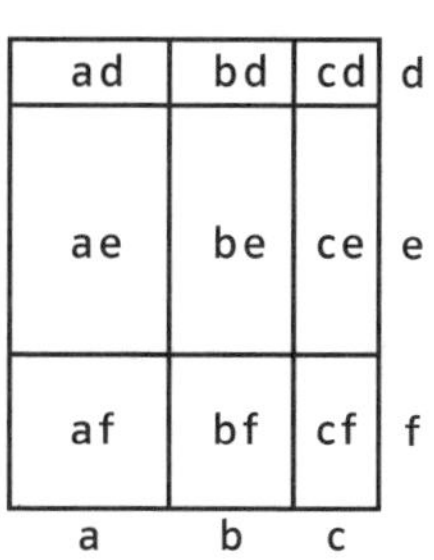

Seite 19

10 a) $\frac{1}{2}xy + \frac{1}{8}x + y + \frac{1}{4}$
b) $30x + x^2 - 3 - \frac{1}{10}x = x^2 + \frac{299}{10}x - 3$
c) $\frac{1}{2}ab - \frac{1}{8}a + 6b - \frac{3}{2}$
d) $x^2 - \frac{2}{3}xy - \frac{1}{2}xy + \frac{1}{3}y^2 = x^2 - \frac{7}{6}xy + \frac{1}{3}y^2$
e) $\frac{1}{4}a^2 - \frac{3}{8}ab - \frac{2}{9}ab + \frac{1}{3}b^2 = \frac{1}{4}a^2 - \frac{43}{72}ab + \frac{1}{3}b^2$
f) $j^2 - 2ij - \frac{1}{2}ij + i^2 = j^2 - \frac{5}{2}ij + i^2$

11 a) $(10s - 12t)(5s + 4t) = 50s^2 - 20st - 48t^2$
b) $(6x + 4y)(2x + 8) = 12x^2 + 48x + 8xy + 32y$
c) $(7a - b)(5c + 4d) = 35ac - 5bc - 4bd + 28ad$
d) $(6xy + 4x)(3y - 1) = 18xy^2 + 6xy - 4x$
e) $(-10a + 6)(20ab + 12b) = -200a^2b + 72b$

12 a) $42xy - 14xyz = 7xy(6 - 2z)$
b) $39cd - 52df = 13(3cd - 4df)$
c) $45pq + 27p^2q^2 = 9pq(5 + 3pq)$
d) $44xyz - 99xz = 11z(4xy - 9x)$
e) $a^2 + 18a + 77 = (a + 7)(a + 11)$
f) $x^2 + 5x - 126 = (x - 9)(x + 14)$
g) $12x^2 + 35x + 18 = (3x + 2)(4x + 9)$

13 a) $(3 + x)(y - 2)$ b) $(x^2 + 1)(y - 3z)$
c) $(4a + 3b - 2c)(2x + 1)$ d) $(a^2 - b^2)(c - d + e)$

14 a) $ab + ac + b^2 + bc$

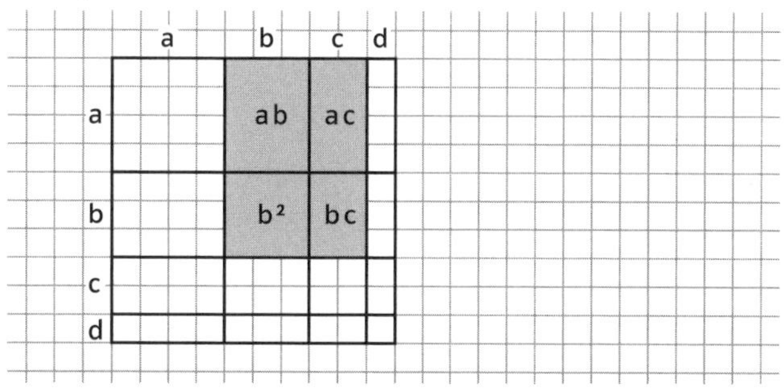

b) $b^2 + bc + bd$

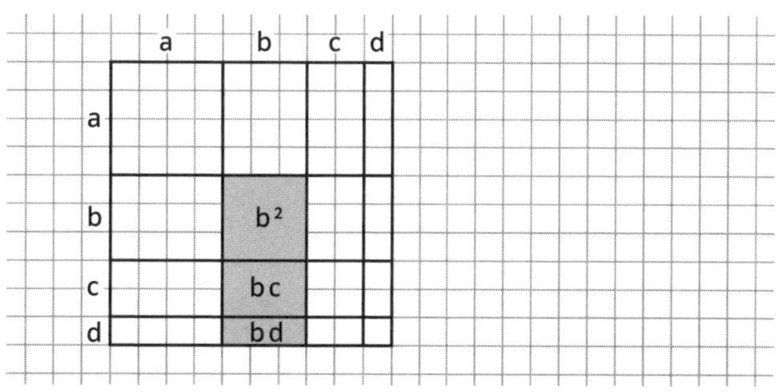

c) $bc + bd + c^2 + cd$

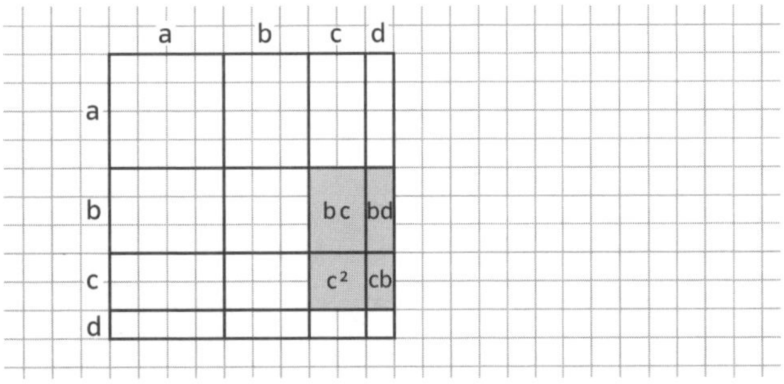

d) $ca + cb + c^2 + ad + bd + cd$

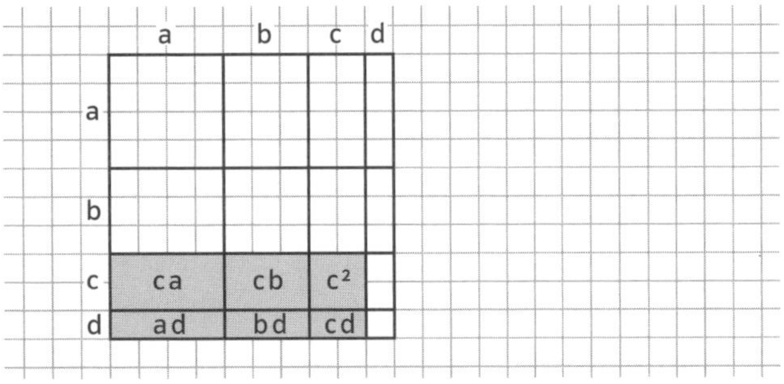

15 a) 1. Quader: $(x + 2)(x + 1)$,
2. Quader: $(x + 1)(x - 1)$, 3. Quader: $(a + b)(c + d)$
b) 1. Quader: $O = 2(x + 2)(x + 1) + 2x(x + 2) + 2x(x + 1)$
2. Quader: $O = 2(x + 1)(x - 1) + 2(x + 1)(2x + 1) + 2(x - 1)(2x + 1)$
3. Quader: $O = 2(a + b)(c + d) + 2(a + b)(e + f) + 2(c + d)(e + f)$
c) 1. Quader: $V = (x + 2)(x + 1)x$
2. Quader: $V = (x + 1)(x - 1)(2x + 1)$
3. Quader: $V = (a + b)(c + d)(e + f)$

16 a) Bei dem ersten Ausdruck wurde die Figur in zwei Rechtecke zerlegt und die Summe dieser Flächeninhalte berechnet. Bei dem zweiten Ausdruck wurde die Figur zunächst zu einem großen Rechteck ergänzt, dann wurde die Ergänzung subtrahiert.
b) $ab + (a + c)d$

17 a) Figur A: T1, T5
Figur B: T2, T4, T6, T8
Figur C: T3, T7
b) Für Figur D ist kein Term formuliert. Möglicher Term: $a(c + d) + b(c + d)$
c) individuelle Lösung

3 Binomische Formeln

Seite 20

Einstiegsaufgabe
→ $(n + 1)^2 = n^2 + 2n + 1$
$(n + 2)^2 = n^2 + 4n + 4$
$(n + 3)^2 = n^2 + 6n + 9$
...
$(n + 25)^2 = n^2 + 50n + 625$

1 a) (△ + □)^2 = △^{2} + 2△□ + □^{2}
b) (○ − □)^2 = ○^{2} − 2○□ + □^{2}
c) (◐ + ▷)^2 = ◐^{2} + 2◐▷ + ▷^{2}
d) (▣ + ◐)(▣ − ◐) = ▣^{2} − ◐^{2}
e) (▣ + ◬)^2 = ▣^{2} + 2▣◬ + ◬^{2}
f) (▽ + ◬)(▽ − ◬) = ▽^{2} − ◬^{2}

2 a) $(v + w)^2 = v^2 + 2vw + w^2$
b) $(a + z)^2 = a^2 + 2az + z^2$
c) $(y + 2)^2 = y^2 + 4y + 4$
d) $(d + e)^2 = d^2 + 2de + e^2$
e) $(3 + a)^2 = 9 + 6a + a^2$
f) $(x + 12)^2 = x^2 + 24x + 144$

3 a) $(m - n)^2 = m^2 - 2mn + n^2$
b) $(y - z)^2 = y^2 - 2yz + z^2$
c) $(c + 7)^2 = c^2 + 14c + 49$
d) $(r - s)^2 = r^2 - 2rs + s^2$
e) $(12 - 2a)^2 = 144 - 48a + 4a^2$
f) $(15 + 3i)^2 = 225 + 90i + 9i^2$

4
a) $(y + 4)(y - 4) = y^2 - 16$
$(t + s)(t - s) = t^2 - s^2$
$(f + g)(f - g) = f^2 - g^2$
b) $(n - q)(n + q) = n^2 - q^2$
$(u - v)(u + v) = u^2 - v^2$
$(k - j)(k + j) = k^2 - j^2$

Seite 21

5

	x	y	$(x + y)^2$	$x^2 + y^2$
a)	4	3	49	25
b)	−2	1	1	5
c)	−3	−5	64	34
d)	0,5	1,5	4	2,5
e)	$\frac{1}{3}$	$\frac{1}{6}$	$\frac{1}{4}$	$\frac{5}{36}$

6 a) $v^2 - 6vw + 9w^2$
b) $4x^2 + 12xy + 9y^2$
c) $16p^2 + 40pq + 25q^2$
d) $49c^2 + 70cd + 25d^2$
e) $64a^2 - 144ab + 81b^2$
f) $100x^2 - 180xy + 81y^2$
g) $0{,}25a^2 + 6ac + 36c^2$
h) $4r^2 - 6rt + 2{,}25t^2$

7 a) $4s^2 - 9t^2$
b) $100k^2 - 160ki + 64i^2$
c) $36c^2 - 25d^2$
d) $121c^2 + 198cd + 81d^2$
e) $25s^2 - 16t^2$
f) $0{,}16z^2 - 4zw + 25w^2$
g) $0{,}01t^2 - 25s^2$
h) $225p^2 - 360pq + 144q^2$

8 $(7p + 3q)(7p - 3)$: kein binomischer Term
$(7p + 3q)(7p + 3q)$: erste binomische Formel
$(7p + 3q)(3q + 7p)$: erste binomische Formel
$(7p + 3q)(3p - 7q)$: kein binomischer Term

$(7p + 3q)(7q + 3p)$: kein binomischer Term
$(7p + 3q)(3q - 7p)$: zweite binomische Formel

9 a) $18a^2 + 24ab + 8b^2$
b) $150y^2 - 240yz + 96z^2$
c) $144y^2x + 528yx + 484x$
d) $48p^2s - 144pqs + 108q^2s$
e) $10v^3 - 100v^2w + 250vw^2$
f) $1{,}25c^3 + 10c^2d + 20d^2c$
g) $6m^2 - 24n^2$
h) $18y^3 - 128x^2y$
i) $9p^3q - 16p^3q^3$

10 a) $10x^2 - 48xy + 144y^2$
b) $-70a^2 - 126ab - 49b^2$
c) $30a - 180ab + 144a^2 + 49b^2$
d) $20b^2 - 80ab + 99a^2$
e) $5x^2 + 36x + 7$
f) $-24x^2 - 12xy + 7y^2$
g) $-10a^2 + 60ab - 36b^2$

11 Die Abbildung veranschaulicht die dritte binomische Formel. Der Flächeninhalt des Rechtecks ist $(a + b)(a - b)$. Durch Umlegen der Teilflächen ergibt sich ein Quadrat der Seitenlänge a, also mit Flächeinhalt a^2, dem ein kleines Teilquadrat der Seitenlänge b, also mit Flächeninhalt b^2, fehlt. Insgesamt hat das Quadrat also den Flächeninhalt $a^2 - b^2$. Da das Rechteck und das Quadrat denselben Flächeninhalt haben, gilt also: $(a + b)(a - b) = a^2 - b^2$.

Quadratzahlen

- $51^2 = (50 + 1)^2 = 2601$
$81^2 = (80 + 1)^2 = 6561$
$32^2 = (30 + 2)^2 = 1024$
$101^2 = (100 + 1)^2 = 10\,201$
- $39^2 = (40 - 1)^2 = 1521$
$59^2 = (60 - 1)^2 = 3481$
$79^2 = (80 - 1)^2 = 6241$
$89^2 = (90 - 1)^2 = 7921$
- $98^2 = (100 - 2)^2 = 9604$
$87^2 = (90 - 3)^2 = 7569$
$76^2 = (80 - 4)^2 = 5776$
$103^2 = (100 + 3)^2 = 10\,609$
- $41 \cdot 39 = (40 + 1)(40 - 1) = 1599$
$89 \cdot 91 = (90 - 1)(90 + 1) = 8099$
$68 \cdot 72 = (70 - 2)(70 + 2) = 4896$
- $43 \cdot 37 = (40 + 3)(40 - 3) = 1591$
$77 \cdot 83 = (80 - 3)(80 + 3) = 6391$
$84 \cdot 76 = (80 + 4)(80 - 4) = 6384$
- $94 \cdot 86 = (90 + 4)(90 - 4) = 8084$
$107 \cdot 93 = (100 + 7)(100 - 7) = 9951$
$205 \cdot 195 = (200 + 5)(200 - 5) = 39\,975$
- individuelle Lösungen
- $25^2 = 625$
$45^2 = 2025$
$55^2 = 3025$
$65^2 = 4225$
$75^2 = 5625$
$95^2 = 9025$
$105^2 = 11\,025$
- Wir bezeichnen mit x die Zehnerziffer der zu quadrierenden Zahl. Um das Quadrat zu bestimmen, muss man also den Term $(10 \cdot x + 5)^2$ ausrechnen. Verwendet man die erste binomische Formel, so erhält man: $(10 \cdot x + 5)^2 = 100x^2 + 100x + 25$. Dieser Term ergibt sich auch, wenn man die oben erwähnte Rechenregel umformt: $x \cdot (x + 1) \cdot 100 + 25 = 100x^2 + 100x + 25$.

Seite 22

12 a) Beispiele: $7^2 - 6^2 = 49 - 36 = 13 = 7 + 6$
$5^2 - 4^2 = 25 - 16 = 9 = 5 + 4$
b) Das große Quadrat hat den Flächeninhalt $(x + 1)^2$, das kleine x^2. Wenn man nun das kleine Quadrat vom großen subtrahiert, bleiben als Restflächen zwei Rechtecke mit Flächeninhalt $x \cdot 1$ und ein kleines Quadrat mit dem Flächeninhalt 1. Insgesamt bleibt als Rest also $2x + 1$. Formt man diesen Term um, so erhält man $2x + 1 = x + (x + 1)$, also die Summe der aufeinanderfolgenden Zahlen.
c) Allgemein gilt: $(x + 1)^2 - x^2 = x^2 + 2x + 1 - x^2 = 2x + 1 = x + (x + 1)$.

13 a) $81 - z^2$ b) $u^2 - 4uw + w^2$
c) $x^2 - 1$ d) $a^2 - 16$
e) $25x^2 + 10xy + y^2$ f) $400b^2 - 400ab + 100a^2$
g) $1{,}44 - 0{,}25a^2$ h) $y^2 - xy + \frac{1}{4}x^2$
i) $\frac{1}{9}x^2 - \frac{1}{2}xy + \frac{9}{16}y^2$

14 a) $(x + 6)^2 = x^2 + 12x + 36$
b) $(a - 3)^2 = a^2 - 6a + 9$
c) $(6m + 5)^2 = 36m^2 + 60m + 25$
d) $(20r + 0{,}5s)^2 = 400r^2 + 20rs + 0{,}25s^2$
e) $\left(2g - \frac{1}{2}h\right)^2 = 4g^2 - 2gh + \frac{1}{4}h^2$
f) $(0{,}5v + w)^2 = 0{,}25v^2 + vw + w^2$
g) $\left(\frac{1}{2}c - \frac{1}{3}d\right)^2 = \frac{1}{4}c^2 - \frac{1}{3}cd + \frac{1}{9}d^2$

15 a) $6^2 - 5^2 = (6 + 5)(6 - 5) = 11 \cdot 1 = 11$
$56^2 - 55^2 = (56 + 55)(56 - 55) = 111 \cdot 1 = 111$
$556^2 - 555^2 = (556 + 555)(556 - 555) = 1111 \cdot 1 = 1111$
$5556^2 - 5555^2 = (5556 + 5555)(5556 - 5555) = 11\,111 \cdot 1 = 11\,111$
$7^2 - 4^2 = (7 + 4)(7 - 4) = 11 \cdot 3 = 33$

$57^2 - 54^2 = (57 + 54)(57 - 54) = 111 \cdot 3 = 333$
$557^2 - 554^2 = (557 + 554)(557 - 554) = 1111 \cdot 3$
$= 3333$
...
b) Um als Ergebnisse 55, 555, 5555, ... zu erhalten, muss die Differenz der „Startzahlen" 5, und ihre Summe muss 11 ergeben, also z. B. 8 und 3.
$8^2 - 3^2 = (8 + 3)(8 - 3) = 11 \cdot 5 = 55$
$58^2 - 53^2 = (58 + 53)(58 - 53) = 111 \cdot 5 = 555$
$558^2 - 553^2 = (558 + 553)(558 - 553) = 1111 \cdot 5$
$= 5555$
...
Um als Ergebnisse 77, 777, 7777, ... zu erhalten, muss die Differenz der „Startzahlen" 7, und ihre Summe muss 11 ergeben, also z. B. 9 und 2.
$9^2 - 2^2 = (9 + 2)(9 - 2) = 11 \cdot 7 = 77$
$59^2 - 52^2 = (59 + 52)(59 - 52) = 111 \cdot 7 = 777$
$559^2 - 552^2 = (559 + 552)(559 - 552) = 1111 \cdot 7$
$= 7777$
...

16 a) $96^2 = 9216$
$91^2 = 8281$
$88^2 = 7744$
$82^2 = 6724$
$77^2 = 5929$
b) x ist die Zahl, die quadriert werden soll. Der Term, der die Gesetzmäßigkeit beschreibt, lautet:
$(x - (100 - x)) \cdot 100 + (100 - x)^2 = (2x - 100) \cdot 100 + 10\,000 - 200x + x^2 = 200x - 10\,000 + 10\,000 - 200x + x^2 = x^2$, also das Quadrat der vorgegebenen Zahl.

17 Das Ergebnis ist immer 20. Begründung durch Umformung; dabei gilt: $b = a + 1$; $c = a + 2$; ...:
$4(a^2 + (a + 1)^2 + (a + 2)^2 + (a + 3)^2) - (a + (a + 1) + (a + 2) + (a + 3))^2 = 4(a^2 + a^2 + 2a + 1 + a^2 + 4a + 4 + a^2 + 6a + 9) - (4a + 6)^2 = 4(4a^2 + 12a + 14) - (16a^2 + 48a + 36) = 16a^2 + 48a + 56 - 16a^2 - 48a - 36 = 20$

Babylonische Multiplikation

- $18 \cdot 22 = 396$; $33 \cdot 27 = 891$; $46 \cdot 34 = 1564$; $51 \cdot 49 = 2499$; $62 \cdot 38 = 2356$; $102 \cdot 98 = 9996$; $106 \cdot 94 = 9964$.
- $((x + y)^2 - (x - y)^2) : 4 = (x^2 + 2xy + y^2 - (x^2 - 2xy + y^2)) : 4 = (x^2 + 2xy + y^2 - x^2 + 2xy - y^2) : 4 = 4xy : 4 = xy$.
- Das große Quadrat hat einen Flächeninhalt von $(x + y)^2$, das kleine hat einen Flächeninhalt von $(x - y)^2$. Subtrahiert man vom großen Quadrat das kleine, bleiben vier gleich große Rechtecke mit dem Gesamtflächeninhalt $4xy$ übrig. Dividiert man diesen Flächeninhalt noch durch 4, so erhält man den Flächeninhalt eines Rechtecks, also das Produkt $x \cdot y$.

4 Faktorisieren mit binomischen Formeln

Seite 23

Einstiegsaufgabe
➔ $n^2 + 2n + 1 = (n + 1)^2$
$n^2 + 4n + 4 = (n + 2)^2$
$n^2 + 6n + 9 = (n + 3)^2$
➔ Man benötigt genügend gelbe Quadrate. Ihre Anzahl berechnet sich aus der Anzahl der verwendeten Rechtecke. Diese muss halbiert und dann quadriert werden.

Seite 24

Randspalte
$n^2 - 1 = (n + 1)(n - 1)$
$n^2 - 4 = (n + 2)(n - 2)$
$n^2 - 9 = (n + 3)(n - 3)$
$n^2 - 16 = (n + 4)(n - 4)$
...
$4n^2 - 100 = (2n + 10)(2n - 10)$
$4n^2 - 121 = (2n + 11)(2n - 11)$
$4n^2 - 144 = (2n + 12)(2n - 12)$
...
$9n^2 - 225 = (3n + 15)(3n - 15)$
$9n^2 - 256 = (3n + 16)(3n - 16)$
$9n^2 - 289 = (3n + 17)(3n - 17)$
...

1

x	$x^2 - 9$	$x^2 + 9$	$(x - 3)^2$	$x^2 + 3$	$(x + 3)(x - 3)$
−2	−5	13	25	7	−5
−1	−8	10	16	4	−8
0	−9	9	9	3	−9
2	−5	13	1	7	−5
3	0	18	0	12	0

2 a) $(x + y)^2$ b) $(v - w)^2$
c) $(x + 3)^2$ d) $(x + 4)^2$
e) $(x - 9)^2$ f) $(x - 12)^2$

3 a) $(x + y)(x - y)$ b) $(t + u)(t - u)$
c) $(b + 4)(b - 4)$ d) $(6 + y)(6 - y)$
e) $(9 + 2z)(9 - 2z)$ f) $(20 + 3x)(20 - 3x)$

4 a) $121m^2 - 25 = (11m - 5)(11m + 5)$
b) $81 - 144p^2 = (9 - 12p)(9 + 12p)$
c) $49 - 169z^2 = (7 - 13z)(7 + 13z)$
d) $144 - 0{,}25t^2 = (12 + 0{,}5t)(12 - 0{,}5t)$
e) $9x^2 - \frac{1}{4}z^2 = (3x - \frac{1}{2}z)(3x + \frac{1}{2}z)$

5 a) $a^2 - 14a + 49 = (a - 7)^2$
b) $m^2 - 18m + 81 = (m - 9)^2$
c) $121 - 22w + w^2 = (11 - w)^2$
d) $x^2 + 2xy + y^2 = (x + y)^2$
e) $x^2 - 10xy + 25y^2 = (x - 5y)^2$
f) $s^2 + 24s + 144 = (s + 12)^2$

6 $1 + 4t^2$:
keine Zerlegung möglich (Für die dritte binomische Formel müsste es z.B. $-4t^2$ heißen.)
$r^2 - 18g - 81$:
keine Zerlegung möglich (Für die zweite binomische Formel müsste es z.B. $r^2 + 18r + 81$ heißen.)
$1{,}44m^2 - n^2 = (1{,}2m + n)(1{,}2m - n)$
$9p^2 + 225q^2$:
keine Zerlegung möglich (Für die dritte binomische Formel müsste es z.B. $-225q^2$ heißen.)
$4n^2 + 16mn + 64m^2$:
keine Zerlegung möglich (Für die erste binomische Formel müsste es z.B. $+32mn$ heißen.)
$0{,}4s^2 - 25t^2$:
keine Zerlegung möglich (Für die dritte binomische Formel müsste es z.B. $0{,}04s^2$ heißen.)
$-60ab + 25b^2 + 36a^2 = (5b - 6a)^2$
$-y^2 + 14y - 49 = -(y - 7)^2$
$x^2 + 6x + 6{,}25$:
keine Zerlegung möglich (Für die erste binomische Formel müsste es z.B. $+9$ heißen.)
$2x^2 + 4x + 1$:
keine Zerlegung möglich (Für die erste binomische Formel müsste es z.B. $4x^2$ heißen.)
$16y^2 + 144yx + 81x^2$:
keine Zerlegung möglich (Für die erste binomische Formel müsste es z.B. $72xy$ heißen.)
$900a^2 - 600ab + 100b^2 = (30a - 10b)^2$

7 a) $a = 5$ oder $a = -5$ b) $a = 11$ oder $a = -11$
c) $a = -4$ d) $a = -1$
e) $a = 10$ f) $a = \frac{1}{2}$ oder $a = -\frac{1}{2}$
g) $a = 17$ h) $a = -1{,}6$

8 a) $(6r - 4s)^2$ b) $(q + 2z)^2$
c) $(3a - 14)^2$ d) $(13 + 2x)^2$
e) $(x - 9)^2$ f) $(a + 0{,}5)^2$

9 a) $25m^2 + 10mn + n^2 = (5m + n)^2$
b) $36a^2 - 12a + 1 = (6a - 1)^2$
c) $64t^2 + 144t + 81 = (8t + 9)^2$
d) $4a^2 - 4ab + b^2 = (2a - b)^2$
e) $4c^2 - 68c + 289 = (2c - 17)^2$
f) $z^2 - 18z + 81 = (z - 9)^2$
g) $0{,}04a^2 - 0{,}12ab + 0{,}09b^2 = (0{,}2a - 0{,}3b)^2$

10 a) $(2a - 3b)^2$ b) $(m + 13)^2$
c) $(3b - 5c)^2$ d) $(a + 1)^2$
e) $(4s - 7r)^2$ f) $(1 + 2z)(1 - 2z)$
g) $(1 - 1{,}4x^2)^2$ h) $(25 - 14a)(25 + 14a)$
i) $-(4z - 5y)^2$
j) $(0{,}7a - 0{,}1b)(0{,}7a + 0{,}1b)$

11 a) $(5y - 3x)(5y + 3x)$ b) $(11 - 9g)(11 + 9g)$
c) $(13a - 12b)(13a + 12b)$ d) $(1 - x)(1 + x)$
e) $(20p - 1)(20p + 1)$ f) $(10m - n)(10m + n)$

Seite 25

12 a) $(x + 18)^2$, $(2x + 9)^2$, $(3x + 6)^2$
b) $(x + 25)^2$, $(5x + 5)^2$, $(25x + 1)^2$
c) $(a + 3b)^2$, $(3a + b)^2$, $(ab + 3)^2$
d) $(a + b)^2$, $\left(\frac{1}{2}b + 2a\right)^2$, $(1 + ab)^2$
e) $\left(\frac{1}{2}a + b\right)^2$, $\left(\frac{1}{4}a + 2b\right)^2$, $\left(ab + \frac{1}{2}\right)^2$
f) $(1{,}5x^2 + y)^2$, $(x^2 + 1{,}5y)^2$, $\left(6x^2y + \frac{1}{4}\right)^2$

13 a) $3(5a - 6b)(5a + 6b)$
b) $7(2v - 4w)(2v + 4w)$
c) $a(x + 3y)^2$ d) $2a(2x - 5y)(2x + 5y)$
e) $3(3x + y)^2$ f) $0{,}5(x + 6)^2$
g) $2a(x + 3y)^2$ h) $\frac{1}{2}(x + 4)^2$ i) $\frac{1}{5}(x + 2y)^2$

14 a) $ab(a - b)(a + b)$ b) $2(2a + b)^2$
c) $-3(x - y)^2$ d) $c(a + b)^2$
e) $2a(a + 1)^2$ f) $2(5m - 2n)^2$
g) $x(2x + 1)^2$ h) $3c(2c - 3d)^2$

15 $5 \cdot 15 + 25 = 100 = 10^2$
$6 \cdot 16 + 25 = 121 = 11^2$
$7 \cdot 17 + 25 = 144 = 12^2$
$8 \cdot 18 + 25 = 169 = 13^2$
...
Erklärung: $x(x + 10) + 25 = (x + 5)^2$

16 a) $n^5 - n = n(n^4 - 1) = n(n^2 + 1)(n^2 - 1)$
$= n(n^2 + 1)(n + 1)(n - 1)$
b) $n^9 - n = n(n^8 - 1) = n(n^4 - 1)(n^4 + 1)$
$= n(n^4 + 1)(n^2 + 1)(n + 1)(n - 1)$
c) $n^{17} - n = n(n^{16} - 1) = n(n^8 - 1)(n^8 + 1)$
$= n(n^8 + 1)(n^4 + 1)(n^2 + 1)(n + 1)(n - 1)$

17 individuelle Lösungen
Beispiele: $4x^2 + 16xy + 16y^2 = (2x + 4y)^2$,
$25x^2 + 40xy + 16y^2 = (5x + 4y)^2$

Die quadratische Ergänzung

- $x^2 + 8x + 16 = (x + 4)^2$

$x^2 + 10x + 25 = (x + 5)^2$
$x^2 - 2x + 1 = (x - 1)^2$
$x^2 - 6xy + 9y^2 = (x - 3y)^2$
$n^2 - n + \frac{1}{4} = \left(n - \frac{1}{2}\right)^2$
$4n^2 + 2nm + \frac{1}{4}m^2 = \left(2n + \frac{1}{2}m\right)^2$
$4n^2 + 32nm + 64m^2 = (2n + 8m)^2$
$16m^2 - 72mn + 81n^2 = (4m - 9n)^2$
$n^2 - 15nm + 56{,}25m^2 = (n - 7{,}5m)^2$
$121n^2 + 66nm + 9m^2 = (11n + 3m)^2$
$36n^2 - 12n + 1 = (6n - 1)^2$
$4a^2b^2 - 2ab + 0{,}25 = (2ab - 0{,}5)^2$

- $4a^2 + 12ab + 9b^2$, $4 + 12ab + 9a^2b^2$

$\frac{1}{4}r^2 + rs + s^2$, $\frac{1}{16}r^2s^2 + rs + 4$
$9x^2 - 18xy + 9y^2$, $x^2 - 18xy + 81y^2$
$m^2 - 2mn + n^2$, $1 - 2mn + m^2n^2$
$0{,}04a^2 + 0{,}4ab + b^2$, $a^2b^2 + 0{,}4ab + 0{,}04$
$\frac{1}{4}a^2 - a + 1$, $\frac{1}{16}a^2 - a + 4$

Üben • Anwenden • Nachdenken

Seite 27

1 a) In den Zeilen und Spalten stehen die Turnierteilnehmer. In die Tabelle wird einer der Werte 0, $\frac{1}{2}$ oder 1 je nach Ausgang des Spiels eingetragen. 0 bedeutet, dass der Spieler verloren hat, $\frac{1}{2}$ bedeutet einen unentschiedenen Ausgang (sog. Remis) und 1 bedeutet, dass der Spieler den anderen geschlagen hat. Beispiel: Jens hat gegen Marina verloren (0), gleichzeitig wird in der Tabelle eingetragen, dass Marina gegen Jens gewonnen hat (1). Daher entsprechen sich die an der Diagonalen gespiegelten Werte: Aus einer 1 wird eine 0 und umgekehrt, die $\frac{1}{2}$ wird an beiden Stellen eingetragen. In der Diagonalen selbst sind keine Werte eingetragen, weil man nicht gegen sich selbst spielt.
Es fanden 10 Partien statt.
b) Siegerliste: Marina hat dreimal gewonnen, einmal Remis gespielt, Jens hat zweimal gewonnen, einmal verloren und einmal Remis gespielt, Lara hat zweimal gewonnen und zweimal verloren, Saskia hat einmal gewonnen, zweimal verloren und ein Remis gespielt und Fabian hat dreimal verloren und ein Remis erzielt. Die Rangliste lautet also: Marina, Jens, Lara, Saskia, Fabian.
c) Bei 9 Teilnehmern sind 36 Spiele zu organisieren.
d) n Teilnehmer bedeuten $\frac{n(n-1)}{2}$ Spiele.

2 a) $(2n + 1)n = 2n^2 + n$ b) $2n(n + 1) = 2n^2 + 2n$
c) $(3n + 2)2n = 6n^2 + 4n$
d) individuelle Lösungen

3 a) $3n(2n + 1)$

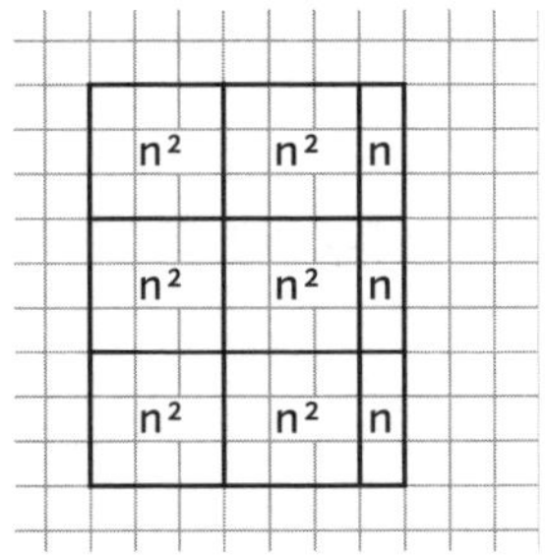

b) $4n(1 + 2n)$

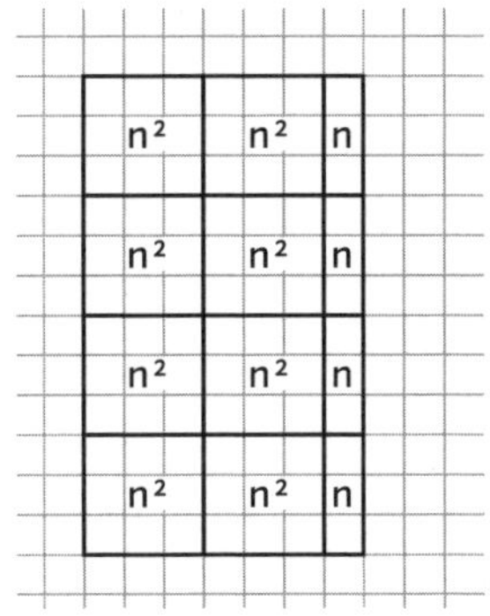

c) $(n + 1)^2$

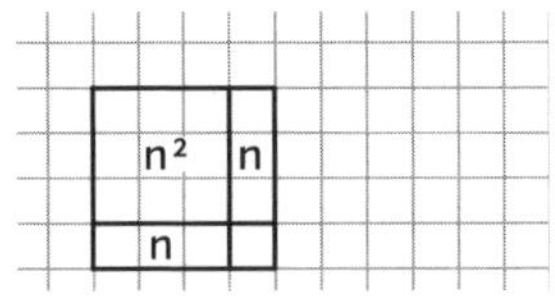

d) $(n + 3)^2$

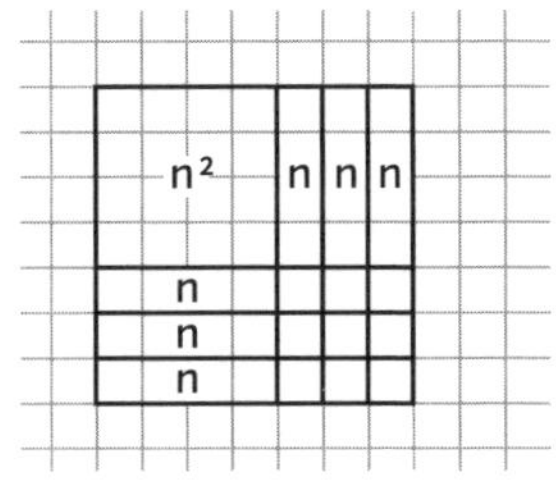

e) $(n + 1)(n + 2)$

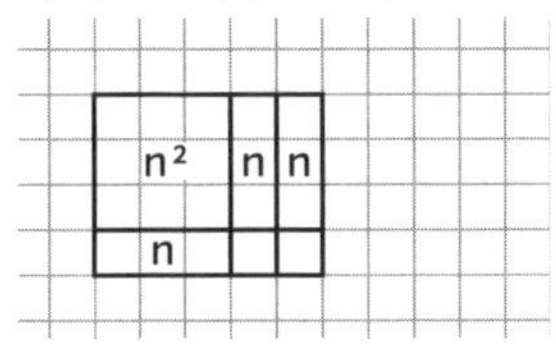

f) $(n + 3)(n + 4)$

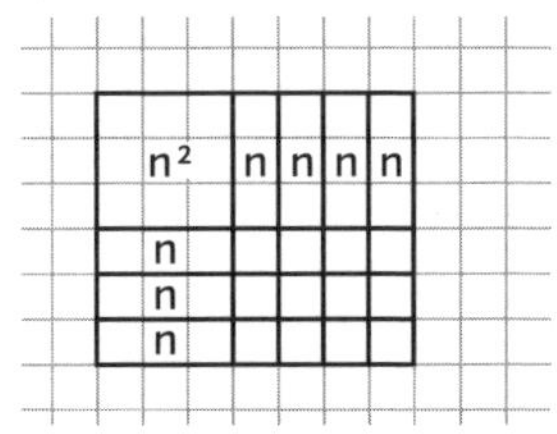

g) $2(n + 1)(n + 2)$ h) $(2n + 1)(2n + 2)$

4 a) Die neue rechteckige Fläche ist (in m^2) $(x + 4)(x + 6) = x^2 + 10x + 24$ groß.
b) Nein, das ist ein schlechter Tausch. Die neue Fläche hat einen Inhalt von $(x - 3)(x + 3) = x^2 - 9$, ist also $9\,m^2$ kleiner als die alte.

5 a) $132y - 67x$ b) $75ac - 62ad + 11cd$
c) $2a^2 - 10a - 4$ d) $12x + 11y + 6$
e) $30x^2 - 30xy - 16y^2$

6 a) $36ac - 27ad - 28bc + 21bd$
b) $-5x^2 - 4xz + 12yz + 15xy$
c) $21x^2 - 7xy + 9y - 27x$
d) $5b^2 - 10ab + 2a - b$
e) $-a^3 - 5a^2 + 3ab + 15b$
f) $x^2y + xy^2 - x - y$
g) $vs + vt + ws + wt$
h) $2x^2z^2 + y^2z^2 + 12x^2 + 6y^2$

7 a) $12x^2 + 35x + 18$
b) $5a^2 + 13ab - 6b^2$
c) $15u^2 + 27uv - 54v^2$
d) $24y^2 - 51xy + 6x^2$

e) $5a^2 - 22ab - 15b^2$
f) $98x^4 - 18y^4$ (Fehler im ersten Druck: hier muss es im Schülerbuch $98x^4$ heißen.)
g) $-15ab + 30ad + 12bc - 24cd$

8 Die Zeichnung veranschaulicht die zweite binomische Formel: $(a - b)^2 = a^2 - 2ab + b^2$.
Wenn man von dem großen Quadrat (a^2) die beiden Rechtecke (mit je ab) subtrahiert, hat man das kleinste Quadrat (b^2) zweimal subtrahiert. Addiert man es wieder einmal dazu, erhält man die Fläche des mittleren Quadrats ($(a - b)^2$).

Seite 28

9 a) $(5n + 7m)^2 = 25n^2 + 70mn + 49m^2$
b) $(12e + 2f)^2 = 144e^2 + 48ef + 4f^2$
c) $(2{,}5g - 10h)^2 = 6{,}25g^2 - 50gh + 100h^2$
d) $(3x - 4y)^2 = 9x^2 - 24xy + 16y^2$
e) $(10m + 1{,}5n)^2 = 100m^2 + 30mn + 2{,}25n^2$
f) $(9y - 0{,}5)^2 = 81y^2 - 9y + 0{,}25$

10 a) $(-1)(y - 7)^2$
b) $(-1)(3x + 5y)(3x - 5y)$
c) $(-1)(7r + 4s)^2$
d) $(-1)(13a + 12b)(13a - 12b)$

11 a) $(35^2 + 9^2) : (22^2 + 13^2)$
$= (1225 + 81) : (484 + 169) = 2$
b) $(63^2 + 7^2) : (35^2 + 28^2)$
$= (3969 + 49) : (1225 + 784) = 2$
Begründung: $((x + y)^2 + (x - y)^2) : (x^2 + y^2)$
$= (x^2 + 2xy + y^2 + x^2 - 2xy + y^2) : (x^2 + y^2)$
$= (2x^2 + 2y^2) : (x^2 + y^2) = 2$

12 a) $5x^2 + 12x + 10$ b) $5x^2 - 12x + 10$

13

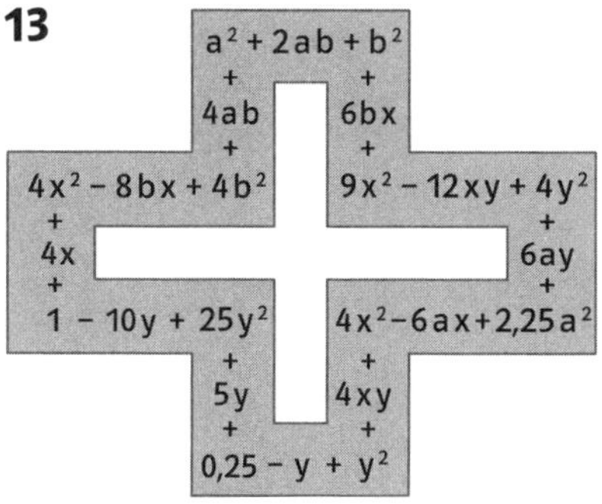

Taxigeometrie

- Am Rand des Dreiecks stehen immer Einsen, ansonsten steht die Summe zweier benachbarter Zahlen unter diesen.
Nächste Zeile: 1; 6; 15; 20; 15; 6; 1.
- $(a + b)^1 = a + b$
$(a + b)^2 = a^2 + 2ab + b^2$
$(a + b)^3 = a^3 + 3a^2b + 3ab^2 + b^3$
$(a + b)^4 = a^4 + 4a^3b + 6a^2b^2 + 4ab^3 + b^4$
$(a + b)^5 = a^5 + 5a^4b + 10a^3b^2 + 10a^2b^3 + 5ab^4 + b^5$
Die Vorfaktoren der Summanden sind die Zahlen in den entsprechenden Zeilen des pascalschen Dreiecks.

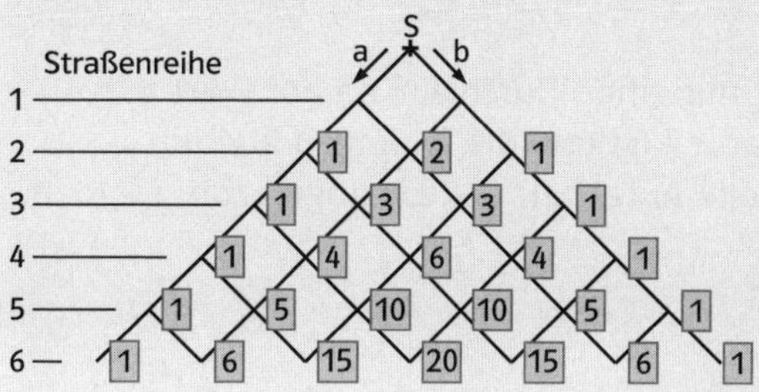

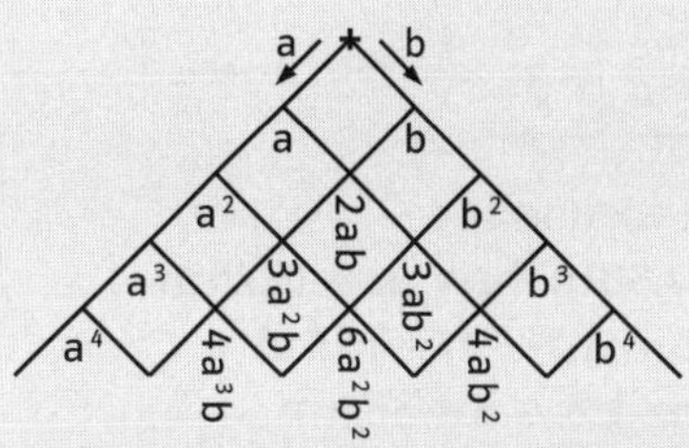

Ergebnis: In der n-ten Straßenreihe steht der Summenterm von $(a + b)^n$.

2 Gleichungen

Auftaktseite: Auf den zweiten Blick

Seiten 30 bis 31

Zahlen mahlen
Individuelle Lösungen beim Mahlen durch die Mühle.
0 bleibt in der Mühle hängen, da sie nicht im Definitionsbereich liegt.
Individuelle Aufgaben und Lösungen in Partnerarbeit.

-4 schafft drei Durchläufe $\left(\frac{1}{3};\ \frac{6}{5};\ \frac{5}{2}\right)$, dann erhält man wieder -4.
1 schafft nur einen Durchlauf, da der Wert des Terms dann 2 ist und die 2 hängen bleibt.
Individuelle Aufgaben und Lösungen zum Mahlen.

2: $x = 11$
6: $x = 3$
3: $x = 7$
-8: $x = -4$
4: $x = 5$

Mit Bäumen rechnen
Bianca: $h = 7{,}50\,m$ bzw. $h = 11{,}25\,m$
Anke: $h = 13\,m$ bzw. $h = 19{,}5\,m$
Tim: $h = 37\,m$ bzw. $h = 55{,}5\,m$

Sarah: $V = 8{,}78\,m^3$ bzw. $V = 7{,}84\,m^3$
David: $V = 20{,}26\,m^3$ bzw. $V = 13{,}69\,m^3$

$m = 0{,}24\,u^3$ $\quad$ $m = 0{,}6\,u^2$

$u_{freistehend} = 4{,}5\,m$ $\quad$ $m_{freistehend} = 21{,}87\,t$ bzw. $12{,}15\,t$
$u_{im\ Bestand} = 3\,m$ $\quad$ $m_{im\ Bestand} = 6{,}48\,t$ bzw. $5{,}4\,t$

Individuelle Lösungen beim Alter

1000-jährige Bäume müssten einen Umfang von 25 m haben.

1 Gleichungen mit Klammern

Seite 32

Einstiegsaufgabe
➔ Grundstück 42.1: x^2
Grundstück 42.2: $(x + 8)(x - 6)$
Da die Flächeninhalte gleich sind, gilt:
$x^2 = (x + 8)(x - 6)$. Daraus folgt $x = 24$.
Damit hat das Grundstück 42.1 die Maße $24\,m \times 24\,m$,
das Grundstück 42.2 die Maße $32\,m \times 18\,m$.

Seite 33

1 a) $x = 1$ b) $x = 1$ c) $x = 1$
d) $x = 4$

2 a) $x = 6$ b) $x = -2$ c) $y = 9$
d) $y = -2$

3 $3(2x - 4) = 2(3 + 4x)$; $x = -9$
a) mögliche Lösungen:
$2(3x - 4) = 3(3x + 4)$; $x = -\frac{20}{3}$
$4(2x - 3) = 3(2x + 4)$; $x = 12$
$3(2x + 4) = 2(3 - 4x)$; $x = -\frac{3}{7}$
$2(3x + 4) = 2(3 - 4x)$; $x = -\frac{1}{7}$
$4(3x - 2) = 2(3 + 4x)$; $x = \frac{7}{2}$
b) individuelle Lösungen

4 a) $n = -2$ b) $n = -1$ c) $n = 12$
d) $n = 3$ e) $n = \frac{3}{2}$

5 a) $((x \cdot 5 + 3) \cdot 2) - 12 = 4x$; $x = 1$
b) $((3x + 4) \cdot 2 + 4) : 3 = 4x$; $x = 2$
Setzt man die Klammern anders oder lässt sie ganz weg, erhält man andere Ergebnisse.

6 a) $m = 1$ b) $m = 27$ c) $n = 4$
d) $n = -7$ e) $m = 28$ f) $n = -1$

Seite 34

7 a) $x^2 = (x + 2)(x - 1)$; $x = 2$
b) $x^2 = (x + 6)(x - 3)$; $x = 6$

8 a) $9(x + 4) = 15x$; $x = 6$
b) $6x = (x - 7) \cdot 9$; $x = 21$
c) $x(x + 2) = (x + 8)(x + 2 - 5)$; $x = 8$

9 a) $x = 8$ b) $x = 9$ c) $x = 6$
d) $x = 2$

10 a) $x = -3$ b) $x = 2$ c) $x = -1$
d) $x = 0$

11 a) $x = -2$; $x = -3$; $x = -4$; $x = -5$
b) Die Lösung ist die Gegenzahl des Mittelwerts der beiden Zahlen, die jeweils zu x addiert werden.
$x = -46$

12 a) keine Lösung
b) unendlich viele Lösungen
c) keine Lösung
d) $x = 1$

13 a) keine Lösung
b) unendlich viele Lösungen
c) unendlich viele Lösungen
d) keine Lösung

Gleichungen aufstellen

- individuelle Lösungen, zum Beispiel:
$2x(2x + 3) = 4x^2 + 6x$; unendlich viele Lösungen
$8(x + 4) = 8$; $x = -3$
$x^2 + x - 6 = (x + 4)(x - 3)$; keine Lösung

2 Bruchterme

Seite 35

Einstiegsaufgabe

➔ Die folgende Tabelle gibt eine Übersicht über die sechs Augenzahlen und die entsprechende Karte, die den größtmöglichen und kleinstmöglichen Termwert liefert:

Augenzahl	Minimum	Maximum
1	$\frac{10x}{x-4}$	$\frac{10x}{x+2}$
2	$\frac{10x}{x-4}$	$\frac{10x}{x-1}$
3	$\frac{10x}{x-4}$	$\frac{10x}{(x-4)^2}$
4	$\frac{10x}{x-7}$	$\frac{10x}{x-1}$
5	$\frac{10x}{x-7}$	$\frac{10x}{(x-4)^2}$; $\frac{10x}{x-4}$
6	$\frac{10x}{x-7}$	$\frac{10x}{x-4}$

➔ $\frac{10x}{x-4}$ kann für $x = 4$ nicht berechnet werden
$\frac{10x}{(x-4)^2}$ kann für $x = 4$ nicht berechnet werden
$\frac{10x}{x-1}$ kann für $x = 1$ nicht berechnet werden
➔ individuelle Aufgaben und Lösungen

Seite 36

1

		1	4	0	−2	0,5	2,5
a)	$\frac{3x}{x-4}$	−1	↯	0	1	$-\frac{3}{7}$	−5
b)	$\frac{x-1}{x+2}$	0	$\frac{1}{2}$	$-\frac{1}{2}$	↯	−0,2	$\frac{1}{3}$
c)	$\frac{6}{2x-2}$	↯	1	−3	−1	−6	2
d)	$\frac{x+3}{2x-1}$	4	1	−3	$-\frac{1}{5}$	↯	1,375

2 a) 1; 2; 4; −1; −2; −4
b) 4; 7; 10; $\frac{1}{2}$; 0; $-\frac{1}{2}$
c) 1; 2; 4; 0; −1; −4; −3

3 Spiel

4 a) 2 b) −5 c) 0
d) −1 e) 10
f) keine Einschränkungen
g) 100 h) 0 i) −1000

5 a) $D = \mathbb{Q}\setminus\{2\}$ b) $D = \mathbb{Q}\setminus\{4\}$ c) $D = \mathbb{Q}\setminus\{-2\}$
d) $D = \mathbb{Q}\setminus\{6\}$ e) $D = \mathbb{Q}\setminus\{-5\}$ f) $D = \mathbb{Q}\setminus\{\frac{1}{4}\}$
g) $D = \mathbb{Q}\setminus\{-\frac{1}{2}\}$ h) $D = \mathbb{Q}\setminus\{\frac{2}{5}\}$ i) $D = \mathbb{Q}\setminus\{-\frac{3}{5}\}$

6
a) −1: 12; $\frac{9}{4}$; −1
2: $-\frac{3}{2}$; 9; 2
1: −6; $\frac{9}{2}$; 1
Jede Zahl schafft zwei Durchläufe und beginnt dann wieder von vorne.
b) −2: 3; $\frac{4}{3}$; $\frac{1}{2}$; −2
3: $\frac{4}{3}$; $\frac{1}{2}$; −2; 3
4: $\frac{3}{2}$; $\frac{2}{3}$; −1; 4
Jede Zahl schafft drei Durchläufe und beginnt dann wieder von vorne.
c) −3: 18; $\frac{15}{2}$; $\frac{27}{5}$; 4; $\frac{9}{4}$; −3
2: $-\frac{9}{2}$; 15; $\frac{36}{5}$; $\frac{21}{4}$; $\frac{27}{7}$; 2
7: $\frac{36}{7}$; $\frac{15}{4}$; $\frac{9}{5}$; −6; $\frac{27}{2}$; 7
Jede Zahl schafft fünf Durchläufe und beginnt dann wieder von vorne.
d) individuelle Lösungen, z. B.
1: $\frac{12}{5}$; $\frac{10}{3}$; $\frac{9}{2}$; 8; −6; 1
−1: $\frac{12}{7}$; $\frac{14}{5}$; $\frac{15}{4}$; $\frac{16}{3}$; 18; −1
5: 12; −2; $\frac{3}{2}$; $\frac{8}{3}$; $\frac{18}{5}$; 5
Jede Zahl schafft fünf Durchläufe und beginnt dann wieder von vorne.

Termwerte mit Tabellenkalkulation

- Tabelle 1: Je größer der x-Wert wird, desto kleiner wird $\frac{1}{x}$. Für $x = 0$ ist $\frac{1}{x}$ nicht definiert.
- #DIV/0! bedeutet: Division durch null ist nicht definiert/erlaubt.
- „Je näher man gegen 0 geht, desto kleiner/größer wird der Termwert. Je weiter man von 0 weggeht, desto kleiner/größer wird der Termwert."
- Die Termwerte werden immer größer bzw. immer kleiner und gehen dann ins Unendliche (positiv wie negativ).
- Bestätigung der Vermutung, z. B.
$x = 0{,}01: \frac{1}{x} = 100$
$x = -0{,}001: \frac{1}{x} = -1000$

Seite 37

7 Für $x = 1$ gilt: $\frac{x^2}{3-x} = \frac{1}{2}$
Für $x = 2$ gilt: $\frac{x+2}{2x} = 1$
Für $x = 3$ gilt: $\frac{5-x}{2x-5} = 2$
Für $x = 4$ gilt: $\frac{8-2x}{x+1} = 0$
Für $x = 5$ gilt: $\frac{x-8}{8-x} = -1$
Für $x = 6$ gilt: $\frac{x^2-4}{2-3x} = -2$

8 a) $D = \mathbb{Q}\setminus\{0; 2\}$
b) $D = \mathbb{Q}\setminus\{-2; 0\}$
c) $D = \mathbb{Q}\setminus\{0; \frac{1}{2}\}$
d) $D = \mathbb{Q}\setminus\{-0{,}5; 0\}$
e) $D = \mathbb{Q}\setminus\{-1; 0\}$
f) $D = \mathbb{Q}\setminus\{0; 1\}$

9 Timo hat Recht, da der Nenner immer größer als 0 wird, da x^2 immer größer als 0 ist.
a) $x \neq 0$ b) ja c) ja
d) $x \neq -1$ e) $x \neq 1$

10 a) $\frac{1}{2x}$ b) $\frac{1}{x^2}$ c) $\frac{x+1}{x^2}$

11 a) $\frac{1}{x-1}$ b) $\frac{1}{x^2-1}$ c) $\frac{1}{x}$
d) $\frac{1}{x(x-2)}$ e) $\frac{1}{(x+3)(x-3)}$ f) $\frac{1}{(x-5)(x+4)}$

Erweitern und Kürzen i

- $\frac{48x^2}{84x^3}$; $\frac{-18x^2}{84x^3}$; $\frac{-44x^4}{84x^3}$; $\frac{45x^2}{84x^3}$
- $\frac{3}{5}$; $\frac{1}{x}$; $\frac{-x}{2}$; $\frac{9}{-5}$; $\frac{-1}{x}$; $\frac{3}{4x}$; $\frac{3}{x-2}$; 3; $\frac{3}{4}$; $x - 3$
- $\frac{5}{x-1} = \frac{15}{3x-3} = \frac{5x}{x^2-x}$; $\frac{3}{x+2} = \frac{3x-9}{x^2-x-6} = \frac{12x}{4x^2+8x}$
- $\frac{2x^2+12x+9}{24x}$; $\frac{x+13}{42x^2}$; $\frac{-z-1}{20z}$; $\frac{x+43}{72x}$
- $\frac{x+1}{2x}$; $\frac{3x^3+x^2-4}{3x^2}$; $\frac{26x^2+4}{3x^2}$; $\frac{2x^2+6x-3}{x+2}$
- $\frac{2x-1}{x^2-1}$; $\frac{3x+2}{(x+1)^2}$; $\frac{2}{x^2-9}$

3 Bruchgleichungen

Seite 38

Einstiegsaufgabe
➔ (Fahrtkosten / alle Schüler) + (Eintritt Wilhelma / Schüler, die die Wilhelma besuchen) = Gesamtpreis für einen Schüler, der die Wilhelma besucht.
➔ Es besuchen 30 Schüler die Wilhelma. Insgesamt sind es also 90 Schüler. Davon gehen 45 ins Planetarium und 15 in das Lindenmuseum.

Seite 39

1 a) $x = 5$ b) $x = 3$ c) $x = -5$
d) $x = 10$ e) $x = 5$ f) $x = 8$

2 a) $D = \mathbb{Q}\setminus\{3\}$; $L = \{10\}$ b) $D = \mathbb{Q}\setminus\{-1\}$; $L = \{8\}$
c) $D = \mathbb{Q}\setminus\{-2\}$; $L = \{8\}$ d) $D = \mathbb{Q}\setminus\{-4\}$; $L = \{3\}$
e) $D = \mathbb{Q}\setminus\{-\frac{1}{2}\}$; $L = \{-1\}$
f) $D = \mathbb{Q}\setminus\{\frac{2}{5}\}$; $L = \{\frac{20}{43}\}$
g) $D = \mathbb{Q}\setminus\{3\}$; $L = \{5\}$ h) $D = \mathbb{Q}\setminus\{3\}$; $L = \{-2\}$

3 a) $x = 4$ b) $x = -1$
c) $x = \frac{1}{10}$ d) $x = -6$
e) $x = \frac{33}{10}$ f) $x = 3$
g) $x = 1$ h) $x = -2$

4 a) $x = 2$ b) $x = -3$
c) $x = -2$ d) $x = 4$
e) $x = 3$ f) $x = 1$
g) $x = -4$ h) $x = -1$

Lösen von Bruchgleichungen
Kai: Die Brüche werden erst am Ende aufgelöst.
Nadine: Die Brüche werden erst eliminiert.
Nadines Weg ist kürzer und einfacher. Allerdings hat sie vergessen, die Definitionsmenge zu notieren.

5 a) $x = 4$ b) $x = 1$
c) $x = 2$ d) $x = -2$
e) $x = 11$ f) $x = 3$
Lösungswort: SCHACH

6 a) $L = \{\frac{1}{2}\}$ b) $L = \{\frac{9}{2}\}$ c) $L = \{20\}$
d) $L = \{\frac{1}{8}\}$ e) $L = \{12\}$

Seite 40

Verhältnisse – Brüche – Produkte

- L = {68}; L = {51}; L = {72}; L = {4}; L = {5}; L = {7}
- $\frac{77}{63} = \frac{x}{36}$; L = {44}
  $\frac{x}{35} = \frac{108}{168}$; $L = \{\frac{45}{2}\}$
  $\frac{81}{x} = \frac{135}{63}$; $L = \{\frac{189}{5}\}$
  $\frac{35}{2x} = \frac{65}{26}$; L = {7}
  $\frac{30}{25} = \frac{6x}{35}$; L = {7}
  $\frac{39}{69} = \frac{3x - 1}{46}$; L = {9}
  $\frac{8}{x - 1} = \frac{6}{x + 1}$; L = {−7}
  $\frac{7}{x - 6} = \frac{9}{x + 4}$; L = {41}

7 Insgesamt beträgt der Einsatz 60 €. 15 € sind $\frac{1}{4}$ des Einsatzes, 20 € sind $\frac{1}{3}$ und 25 € sind $\frac{5}{12}$:

a) $10\,200\,€ \cdot \frac{1}{4} = 2550\,€$

$10\,200\,€ \cdot \frac{1}{3} = 3400\,€$

$10\,200\,€ \cdot \frac{5}{12} = 4250\,€$

b) Der Einsatz wäre auf 75 € gestiegen, sein Anteil hätte dann $\frac{30}{75} = \frac{2}{5}$ betragen. Also hätte er $\frac{30}{75} \cdot 10\,200\,€ = 4080\,€$ erhalten und nicht $2 \cdot 2550\,€ = 5100\,€$

c) Sina hat Recht, das Verhältnis wäre dann: $\frac{5}{18}$, $\frac{1}{3}$ und $\frac{7}{18}$.

8 a) $\frac{3}{5} = 60\,\%$

b) $6\,l \cdot \frac{3}{5} = 3{,}6\,l$ Wasser

$6\,l \cdot \frac{2}{5} = 2{,}4\,l$ Frostschutzmittel

c) $5\frac{1}{2}\,l \cdot \frac{3}{5} = 3{,}3\,l$ Wasser

$5\frac{1}{2}\,l \cdot \frac{2}{5} = 2{,}2\,l$ Frostschutz

9 Weitsprung:

Mond: 53,7 m	Mars: 23,27 m
Venus: 9,845 m	Saturn: 9,547 m
Jupiter: 2,131 m	Sonne: 0,355 m

Hochsprung:

Mond: 14,7 m	Mars: 6,37 m
Venus: 2,695 m	Saturn: 2,613 m
Jupiter: 0,583 m	Sonne: 0,097 m

4 Formeln

Seite 41

Einstiegsaufgabe

y: °Fahrenheit, x: °Celsius

Seite 42

1 a) $a = \frac{A}{b}$

b) $b = \frac{A}{a}$; Werte der Tabelle zum Teil gerundet

A	80	80	80	90	90	90	100	100
a	16	18	11,4	15	11,25	25	29	3,0
b	5	4,4	7	6	8	3,6	3,4	33

2 a) $a = \frac{V}{bc}$; $b = \frac{V}{ac}$; $c = \frac{V}{ab}$

b) Werte zum Teil gerundet

V	80	90	100	120	140	170	241
a	16	15	8	0,5	8	6,6	17,1
b	2,5	3	5	7,5	6,25	5,6	14,1
c	2	2	2,5	32	2,8	4,6	1

c) Eva und Saskia

3 a)

V	60	120	150	225	280	400	1000
c	5	7,5	2,5	4,5	35	32	16
G	12	16	60	50	8	12,5	62,5

b) mögliche Lösungen zu $V = 60\,dm^3$; $c = 5\,dm$:
$a = 4\,dm$; $b = 3\,dm$ oder $a = 10\,dm$; $b = 1{,}2\,dm$
mögliche Lösungen zu $V = 1000\,dm^3$; $c = 16\,dm$:
$a = \frac{5}{2}\,dm$; $b = 25\,dm$ oder $a = 5\,dm$; $b = \frac{25}{2}\,dm$

4 a) $b = \frac{k}{4} - a - c$; $c = \frac{k}{4} - a - b$

b)

k	80	60	120	180	206	30	12	960
a	9	10	12	15	27,5	5,5	2	79
b	6	2	6	15	12	1	1	80
c	5	3	12	15	12	1	↯	81

Die Angaben der vorletzten Spalte beschreiben keinen Quader!

Formeln falten

- Lösung über Messung
- $A_1 = a \cdot b - \frac{1}{2} \cdot b^2$
- $A_2 = a \cdot b - b^2$
  $A_3 = a \cdot b - \frac{3}{2} \cdot b^2$
  $A_4 = a \cdot b - 2b^2$
- $A_1 = 46\,cm^2$; $A_2 = 44\,cm^2$; $A_3 = 42\,cm^2$; $A_4 = 40\,cm^2$

$A_1 = 132\,cm^2$; $A_2 = 114\,cm^2$; $A_3 = 96\,cm^2$;
$A_4 = 78\,cm^2$
- $a = \frac{A_1 + \frac{b^2}{2}}{b}$; $a = \frac{A_2 + b^2}{b}$; $a = \frac{A_3 + \left(\frac{3b^2}{2}\right)}{b}$; $a = \frac{A_4 + 2b^2}{b}$
- Abbildung

Seite 43

5 a) $\frac{5\,km}{16\,min} = \frac{5\,km}{\frac{16}{60}h} = 18{,}75\,km/h$
b) $v = \frac{5}{\frac{20}{60} - \frac{x}{60}} = \frac{300}{20 - x}$
c) mögliche Lösungen:
$x = 1$; $v \approx 15{,}8\,\frac{km}{h}$
$x = 2$; $v \approx 16{,}7\,\frac{km}{h}$
$x = 10$; $v \approx 30\,\frac{km}{h}$
Eine Verspätung von 10 Minuten ist nicht mehr aufzuholen.

6 a) 7 °C → 44,6 °F
8 °C → 46,4 °F
9 °C → 48,2 °F
10 °C → 50 °F
b) $x = \frac{5(y - 32)}{9}$
z.B. y = 10 °F; x = −12,2 °C
y = −10 °F; x = −23,3 °C
y = 60 °F; x = 15,6 °C
c) 0 °F → −17,8 °C
100 °F → 37,8 °C
−100 °F → −73,3 °C

7 a) $G = P : \frac{p}{100}$
b)

p%	5%	2%	2,5%	3%	2,15%
G	350,00 €	350,00 €	82,50 €	250 €	1000 €
P	17,50 €	7,00 €	2,06 €	7,50 €	21,50 €

p%	4,5%	2,2%	22%	36%	0,5%
G	3220,00 €	627,27 €	864,30 €	654,00 €	620,00 €
P	144,90 €	13,80 €	190,15 €	235,44 €	3,10 €

8 a) $s = v \cdot t$
Strecke = Geschwindigkeit · Zeit
b)

v in $\frac{km}{h}$	100	22	140	12	44	200	800	130
t in h	$1\frac{1}{2}$	3	$4\frac{1}{2}$	$7\frac{1}{2}$	$4\frac{1}{2}$	$1\frac{1}{2}$	$7\frac{1}{4}$	6
s in km	150	66	630	90	198	300	5800	780

v	$320\,\frac{m}{min}$	$1000\,\frac{m}{min}$	$8\,\frac{m}{s}$	$4\,\frac{km}{h}$	$0{,}04\,\frac{km}{min}$	$5{,}3\,\frac{m}{h}$
t	2 min 30 s	4 min	$12\frac{1}{2}$ s	$6\frac{1}{4}$ h	45 min	$1\frac{1}{2}$ h
s	800 m	4000 m	100 m	25 km	1,8 km	8 m

9 individuelle Lösungen

5 Lesen und lösen

Seite 44

Einstiegsaufgabe
➔ Chris: $\frac{1}{6} + \frac{1}{12} = \frac{1}{4}$, d.h. nach einer Stunde ist ein Viertel des Beckens gefüllt. Also ist das gesamte Becken nach vier Stunden gefüllt.
➔ Paul: Dann pumpt die große Pumpe 1000 l pro Stunde, die kleine 500 l pro Stunde. Zusammen sind das 1500 l pro Stunde, d.h. in vier Stunden ist das Becken mit 6000 l gefüllt.
➔ Lea: In vier Stunden ist das Becken zu vier Vierteln, also ganz gefüllt.
➔ Eva: Die Pumpleistungen der beiden Pumpen werden addiert und mit der schwarzen Gerade dargestellt. Der Schnittpunkt dieser Gerade mit der 100%-Linie gehört zum Zeitpunkt vier Stunden.

Seite 45

1 a) $\frac{1{,}5\,s}{t} = \frac{s}{t - 9}$; $1{,}5(t - 9) = t$; $t = 27\,min$.
b) $\frac{\frac{2}{3}s}{t} = \frac{s}{t + 12}$; $\frac{2}{3}(t + 12) = t$; $t = 24\,min$.
Heute braucht sie 24 min + 12 min = 36 min.

2 a) Bei normaler Geschwindigkeit braucht Christof 60 min. Fährt er $1\frac{1}{4}$-mal so schnell, braucht er nur 48 min.
b) Bei normaler Geschwindigkeit braucht Susanne 16 min. Heute schafft sie in der normalen Zeit nur $\frac{2}{3}$ der Strecke. Sie braucht 24 min.

3 a) $\frac{8\,km}{30\,min} = 16\,km/h$; $\frac{8\,km}{7\frac{1}{2}min} = 64\,km/h$
b) $\frac{16\,km}{37{,}5\,min} = 25{,}6\,km/h$
c) Die geringe Geschwindigkeit beim Aufstieg wird über einen langen Zeitraum beibehalten, die hohe Abfahrtsgeschwindigkeit nur kurze Zeit.

4 a) Rückenwind: 960 km/h → 7,5 h
Gegenwind: 640 km/h → 11,25 h
Windstille: 800 km/h → 9 h
b) mögliche Lösungen: $v_1 = 1000\,km/h$, $v_2 = 500\,km/h$, s = 12 000 km.
Rückenwind: 1500 km/h → 8 h
Gegenwind: 500 km/h → 24 h
Windstille: 1000 km/h → 12 h
c) Die Grafik zeigt, wie sich die Flugzeit bei einer Reise (Hin- und Rückweg) bei Rücken- oder Gegenwind gegenüber Windstille verändert. Es werden die Werte aus a) benutzt. Punkt E zeigt z.B., dass für die einfache Strecke (7200 km) 7,5 h benötigt

werden. Punkt F beschreibt den Hinflug ohne Wind (7200 km in 9 h). Punkt B gibt an, wie weit ein Flugzeug mit Rückenwind sowohl auf dem Hin- als auch dem Heimflug in 18 h kommt: 17 280 km. Punkt A gibt an, dass bei Windstille auf beiden Flügen eine Strecke von 14 400 km in 18 h zurückgelegt wird. Die Gerade durch Punkt D beschreibt den Flug bei ständigem Gegenwind. Das Ergebnis aus a) kann auch hier abgelesen werden: 7200 km in 11,25 h. Insgesamt werden in 18 h Flugzeit dann nur 11 520 km zurückgelegt. Punkt C schließlich gibt an, wie lange ein Flug dauert, wenn auf der Hinreise Rückenwind und bei der Heimreise Gegenwind herrscht: 18,75 h. Wenn man A mit B und D vergleicht, so stellt man fest, dass in derselben Zeit (18 h) die Abweichung bei zweimal Rückenwind bzw. bei zweimal Gegenwind gleich ist: Es werden 2880 km mehr bzw. weniger zurückgelegt als bei Windstille.

Seite 46

5 a) Erkki: 2,85 Hip: 2,7
Nicki: 2,4 Sizzle: 2,8
b) Erkki sollte bei den Punkten Form oder Hörqualität ansetzen, da diese am stärksten in die Formel für g einfließen.
c) Mögliche Lösung: $g = a \cdot 10\,\% + b \cdot 10\,\% + f \cdot 60\,\% + h \cdot 10\,\% + s \cdot 10\,\%$

6 a) 2 b) 6 c) 2
d) 4 e) 7 f) 12

Der Durchschnittskosten-Effekt

- $\frac{600}{4} + \frac{600}{4} = 300$ Januar und Februar
$\frac{600}{5} + \frac{600}{3} = 320$ März und April
Die Stückzahlen sind unterschiedlich, obwohl der Mittelwert 4 ist.
- $x = n - n_{neu} = \frac{k}{p} - \frac{k}{p+a} = \frac{ka}{p \cdot (p+a)}$
- $y = n_{neu} - n = \frac{k}{p-a} - \frac{k}{p} = \frac{ka}{p \cdot (p-a)}$
- $x = 4$; d.h., es können 4 Wertpapiere weniger gekauft werden.
$y = 6$; d.h., es können 6 Wertpapiere mehr gekauft werden.
- individuelle Lösungen, z.B.
$a = 2\,€$; $b = 2\,€$ → $x = 6{,}9$; $y = 16$; d.h., es können 6 Wertpapiere weniger bzw. 16 mehr gekauft werden.

Üben • Anwenden • Nachdenken

Seite 48

1 a) $x = 6$ b) $x = -18$
c) $y = 54$ d) $y = -2$

2 a) $x = 8$ b) $x = 0$
c) $x = 10$ d) $n = 4$
e) $n = 3$ f) $n = 2$

3 a) □ = 5
b) $x = 3$; □ = 8
$x = 4$; □ = 11
$x = 5$; □ = 14
Man setzt die Lösung für x ein und löst die Gleichung nach der Lücke / dem Platzhalter auf.

4 a) $U_{grün} = 2(3e + 1) + 2(2e + 1) = 10e + 4$
$U_{blau} = 2(4e - 2) + 2(4e + 4) = 16e + 4$
$A_{grün} = (3e + 1)(2e + 1) = 6e^2 + 5e + 1$
$A_{blau} = (4e - 2)(4e + 4) = 16e^2 + 8e - 8$
b) grün: $\frac{3e+1}{2e+1} = \frac{3}{4}$ oder $\frac{2e+1}{3e+1} = \frac{3}{4}$ und damit ergibt sich $e = -\frac{1}{6}$ oder $e = 1$.
blau: $\frac{4e-2}{4e+4} = \frac{3}{4}$ oder $\frac{4e+4}{4e-2} = \frac{3}{4}$ und damit ergibt sich $e = 5$ oder $e = -\frac{11}{2}$. Da man mit dem zweiten Wert jedoch eine negative Länge erhält, gibt es für die blaue Figur nur eine Lösung.

5 a) $L = \{10\}$ b) $L = \{-21\}$ c) $L = \{3\}$
d) $L = \{9\}$ e) $L = \{-3\}$

6 a) $x = -\frac{5}{2}$ b) $y = -1$ c) $m = 8$
d) $u = -11$ e) $s = 6$

7 a) $L = \{e + 1\}$ b) $L = \{-e\}$
c) $L = \{7e\}$ d) $L = \{-2e + 1\}$

8 Alle Terme sind gleichwertig.

Ein Würfelspiel

Für Tim und Anja könnte das Ergebnis wie folgt lauten:
- Anjas dritter Wurf (4): $\frac{(2x + 4)}{(x - 3)} = \frac{(2 \cdot 4 + 4)}{(4 - 3)} = 12.$
- Anja hat nach ihrem dritten Wurf bereits 17,5 Punkte, also mehr als Tim. Damit hat sie auf jeden Fall gewonnen, egal wie ihr vierter Wurf ausgeht. Sie muss nur beachten, dass sie keinen Term nimmt, der ein negatives Ergebnis liefert.
- Individuelle Lösungen. Bei der Wahl des Terms ist zu beachten, dass beim Einsetzen des gewürfelten Wertes der Zähler möglichst klein und der Nenner möglichst groß wird.

Seite 49

9 8 für $x = 1$ (kleinstes Ergebnis)
10 für $x = 2$
14 für $x = 3$ (größtes Ergebnis)
Für $x = 4$, $x = 5$ und $x = 6$ ist der Term nicht definiert.

10 a) $D = \mathbb{Q}\setminus\{1\}$ b) $D = \mathbb{Q}\setminus\{-3\}$
c) $D = \mathbb{Q}\setminus\{-\frac{1}{2}\}$ b) $D = \mathbb{Q}\setminus\{\frac{4}{3}\}$
e) $D = \mathbb{Q}\setminus\{\frac{3}{4}\}$ f) $D = \mathbb{Q}\setminus\{\frac{1}{3}\}$
g) $D = \mathbb{Q}\setminus\{4; -4\}$ h) $D = \mathbb{Q}\setminus\{3; -3\}$
i) $D = \mathbb{Q}\setminus\{-3\}$

11 a) $D = \mathbb{Q}\setminus\{-2; 4\}$; $L = \{5\}$
b) $D = \mathbb{Q}\setminus\{-4; 3\}$; $L = \{10\}$
c) $D = \mathbb{Q}\setminus\{-\frac{2}{3}; 1\}$; $L = \{6\}$
d) $D = \mathbb{Q}\setminus\{-2; -\frac{3}{5}\}$; $L = \{5\}$
e) $D = \mathbb{Q}\setminus\{-1; 0\}$; $L = \{2\}$
f) $D = \mathbb{Q}\setminus\{0; 1\}$; $L = \{7\}$
g) $D = \mathbb{Q}\setminus\{-2; 2\}$; $L = \{3\}$
h) $D = \mathbb{Q}\setminus\{-5\}$; $L = \{-4\}$

12 a) 3. Zeile: $13x + 13 = 5x + 15$
Jeder Summand der Klammer muss mit dem Vorfaktor multipliziert werden (Distributivgesetz).
b) 2. Zeile: $3x \cdot 6x \cdot 24 - (2x - 3) \cdot 6x = 3x \cdot (2 - 4x)$
Ganze Zahlen müssen auch mit dem Hauptnenner multipliziert werden. (Distributivgesetz)
3. Zeile: $432x^2 - 12x + 18x = 6x - 12x^2$
Minus · Minus ergibt Plus.
4. Zeile: $432x^2 + 12x = 0$
5. Zeile: $x(432x + 12) = 0$
6. Zeile $x = -\frac{1}{36}$

13 a) $a = 12$; $a = 22{,}5$; $b = 6$; $b = 10$
b) Nicht alle, z. B. $10 \times 15 = 2 \times 3$, aber $9 \times 13 \neq 2 \times 3$.
c) individuelle Lösung; das Seitenverhältnis ist immer gleich

14 a) $b = 18\,cm$; $c = 12\,cm$
b) $a = 20\,cm$; $c = 10\,cm$
c) $a = 15\,cm$; $b = 11{,}25\,cm$

Noch einmal: Zahlen mahlen

- 3; 8; 18; −12; 3

$-6; 8; 4{,}5; \frac{10}{3}; \frac{12}{5}; 1; -6$

$\frac{1}{2}; \frac{2}{3}; \frac{3}{4}; \frac{4}{5}; \frac{5}{6}; \frac{6}{7}; \ldots$

- individuelle Lösungen

Man muss zum Zähler und zum Nenner jeweils 1 addieren.

- 6; 12; nicht definiert

3; 2; 0; nicht definiert

- blaue Mühle: 12 bleibt sofort hängen, 6 in der 2. Runde.

gelbe Mühle: 0 bleibt sofort hängen, dann 2, 3.

- $\frac{3}{2}; \frac{4}{3}; \frac{5}{4}; \ldots; \frac{102}{101}$

Seite 50

15 • v bleibt gleich
- v wird vervierfacht
- p wird geviertelt
- s wird vervierfacht
- G bleibt gleich
- p% wird halbiert

Individuelle Aufgaben und Lösungen.

16 a) Zeiten: 1:12; Geschwindigkeit $1:\frac{1}{12}$ oder 12:1
b) $v_1 : v_2 = 125 : 75 = 5 : 3$
gesucht wird: $t_1 : t_2$;
$t_1 = 2$; $t_2 = \frac{10}{3}$; $t_1 : t_2 = 2 : \frac{10}{3} = 6 : 10 = 3 : 5$
c) individuelle Lösungen, z. B.:
$s = 500\,km$; $t_1 = 4$; $t_2 = \frac{20}{3}$; $t_1 : t_2 = 3 : 5$
$s = 100\,km$; $t_1 = \frac{4}{5}$; $t_2 = \frac{4}{3}$; $t_1 : t_2 = 3 : 5$
Das Verhältnis $t_1 : t_2$ ist immer gleich.

17 a) $\varrho = 1{,}603\,g/cm^3$
b) $m = \varrho \cdot V$; $V = \frac{m}{\varrho}$
c) $V = 50\,m^3$; $m = 983{,}75\,g$
d) $3\,dm^3$ und $15\,dm^3$
e) individuelle Aufgaben und Lösungen

Randspalte

$\varrho_{Gold} : \varrho_{Ziegel} \approx 19{,}3 : 1{,}6 \approx 12$. Damit hätten 12 Ziegel in etwa die gleiche Masse wie ein Goldbarren gleichen Volumens.

18 a)

v in $\frac{km}{h}$	s in m
0	0,00
10	1,00
20	4,00
30	9,00
40	16,00
50	25,00
60	36,00
70	49,00
80	64,00
90	81,00
100	100,00
110	121,00
120	144,00
130	169,00
140	196,00
150	225,00
160	256,00
170	289,00
180	324,00
190	361,00
200	400,00

b) : 10, hoch 2
Dividiere die Geschwindigkeit durch 10 und quadriere das Ergebnis.
c) Der Bremsweg vervierfacht sich.
d) Der Fahrer ist zu schnell gefahren, da $\frac{60^2}{100} = 36$, d.h. bei einer Geschwindigkeit von 60 km/h wäre die Bremsspur nur 36 m lang.

e)

v in $\frac{km}{h}$	s in m
0	0
10	0,5
20	2
30	4,5
40	8
50	12,5
60	18
70	24,5
80	32
90	40,5
100	50
110	60,5
120	72
130	84,5
140	98
150	112,5
160	128
170	144,5
180	162
190	180,5
200	200

f)

v in $\frac{km}{h}$	s in m
0	0,00
10	1,23
20	4,94
30	11,11
40	19,75
50	30,86
60	44,44
70	60,49
80	79,01
90	100,00
100	123,46
110	149,38
120	177,78
130	208,64
140	241,98
150	277,78
160	316,05
170	356,79
180	400,00
190	445,68
200	493,83

Man erkennt, dass die Bremswege beim Fahrrad deutlich länger sind. Vergleicht man die Formel für den Bremsweg des Fahrrads mit der neueren Formel für den Bremsweg des Autos (Teilaufgabe e)), sind die Bremswege des Fahrrads sogar mehr als doppelt so lang.

3 Umfang und Flächeninhalt

Auftaktseite: Figuren und Flächen

Seite 52 – 53

Figuren legen

- Das Tangram besteht aus einem Quadrat, einem Parallelogramm und fünf gleichschenkligen Dreiecken, die einen rechten Winkel zwischen den zwei gleich langen Seiten besitzen. Davon gibt es zwei große, zwei kleine und ein mittleres Dreieck.
- Parallelogramm:
  Vom gelegten Rechteck ausgehen. Großes rotes Dreieck wegnehmen und an der anderen Seite wieder anlegen.
  Dreieck:
  Vom gelegten Quadrat ausgehen. Das große blaue Dreieck wegnehmen und an die rechte Seite des Quadrats anlegen, das große rote Dreieck um 180° drehen und unten an das blaue anlegen.
- Trapez:
  Vom gelegten Rechteck ausgehen. Großes rotes Dreieck wegnehmen und an der anderen Seite wieder anlegen, großes blaues Dreieck umdrehen und an die gleiche Seite wieder anlegen.

Linien begrenzen Flächen

Das Rechteck mit dem größten Flächeninhalt ist das, dessen Seiten alle aus sechs Streichhölzern bestehen (also ein Quadrat).

1 Quadrat und Rechteck

Seite 54

Einstiegsaufgabe

➔ Tobias Schwester zählt die Steine in einer Reihe und dann die Anzahl der Reihen. Multipliziert man beide Ergebnisse, ergibt dies die Gesamtzahl der Steine. Die Anzahl der Steine muss man nun mit dem Flächeninhalt eines Steines multiplizieren, um den Flächeninhalt des rechteckigen Parkplatzes zu bestimmen.

Seite 55

1 Flächeninhalt mindestens: $4050\,m^2$; höchstens: $10\,800\,m^2$.
Umfang mindestens: 270 m; höchstens: 420 m.

2 a) 1,6 cm b) 23,9 m c) 1,8375 dm
d) 6 cm e) 9 dm f) 13 m

3

a	5 cm	30 cm	12,8 m	300,7 cm
b	8 cm	8,5 cm	6,5 m	41,3 cm
u	26 cm	77 cm	38,6 m	6,84 m
A	$40{,}0\,cm^2$	$2{,}55\,dm^2$	$83{,}2\,m^2$	$1{,}24\,m^2$

4 a) Küche: $21\,m^2$ Kind 1: $21{,}25\,m^2$
Kind 2: $17\,m^2$ Wohnen: $28\,m^2$
Bad: $10\,m^2$ Eltern: $16\,m^2$
Flur: $20{,}25\,m^2$
Gesamtwohnfläche: $133{,}5\,m^2$ plus ca. $21\,m^2$ Terrasse
b) Wohnzimmer: 22 m Kind 1: 19,3 m
Kind 2: 16,8 m gesamt: 58,1 m

5 individuelle Lösung (Länge und Breite des Klassenzimmers bestimmen)

6 Wände insgesamt: $40{,}545\,m^2$; Tapetenrolle: $5\,m^2$; Ina muss 9 Rollen kaufen (falls sie Fenster und Türen ein wenig berücksichtigt, kommt sie auch mit 8 Rollen aus)

7 a) $A = 413\,m^2$ $u = 88\,m$
b) $A = 1441\,m^2$ $u = 182\,m$
c) $A = 16{,}62\,m^2$ $u = 18{,}6\,m$
d) $A = 64{,}6\,m^2$ $u = 40{,}4\,m$

8 a) Der Flächeninhalt verdoppelt sich.
b) Der Flächeninhalt vervierfacht sich.
c) Der Flächeninhalt bleibt gleich.

Rechteck und DGS

- Quadrat von 3 cm: $A = 9\,cm^2$
- $a = 2{,}5\,cm$; $b = 3{,}2\,cm$; $u = 11{,}4\,cm$

2 Parallelogramm und Raute

Seite 56

Einstiegsaufgabe

➔ Alle Vierecke haben einen Flächeninhalt von 6 Einheitsquadraten.
➔ Sowohl Grundseiten als auch Höhen sind bei allen Vierecken gleich.

Seite 57

1 individuelle Lösungen (Zeichnung und Berechnung wie auf Seite 56)

2 a) $A = 24\,cm^2$ $u = 28\,cm$
b) $A = 83{,}7\,m^2$ $u = 60{,}2\,m$
c) $A = 27\,dm^2$ $u = 202\,cm$

3 eingezeichnetes Parallelogramm: A = 2 Nagelquadrate; individuelle Lösungen

4 a) $A = 40\,cm^2$ $u = 28\,cm$
b) $A = 48\,cm^2$ $u = 32{,}8\,cm$
c) $A = 32{,}4\,cm^2$ $u = 24\,cm$

5 a) $A = 15\,cm^2$ b) $A \approx 23\,cm^2$
c) $A \approx 40{,}5\,cm^2$ d) $A \approx 16{,}5\,cm^2$

6

a	9,0 cm	35 cm	40 m	15 m	12 m
b	12 cm	18 cm	30 m	7,5 m	8 m
h_a	6,0 cm	9 cm	12 m	5 m	6 m
h_b	4,5 cm	17,5 cm	16 m	10 m	9 m
u	42 cm	106 cm	140 m	45,0 m	40 m
A	$54\,cm^2$	$315\,cm^2$	$480\,m^2$	$75{,}0\,m^2$	$72\,m^2$

7 a)

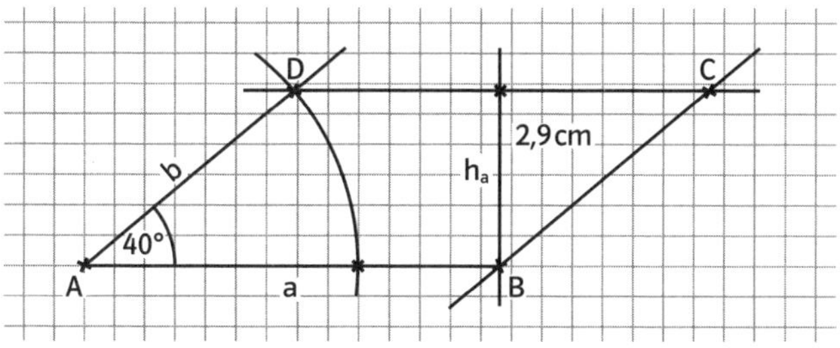

$A = 19{,}72\,cm^2$
b)

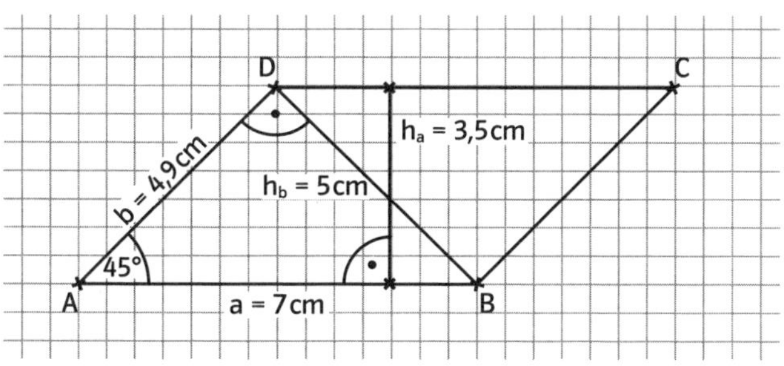

$A = 24{,}5\,cm^2$

8 Die Höhe zur langen Seite des Parallelogramms beträgt 1,7 cm.
Die Höhe zur kurzen Seite des Parallelogramms beträgt 7,1 cm.

9 a) mögliche Lösungen:

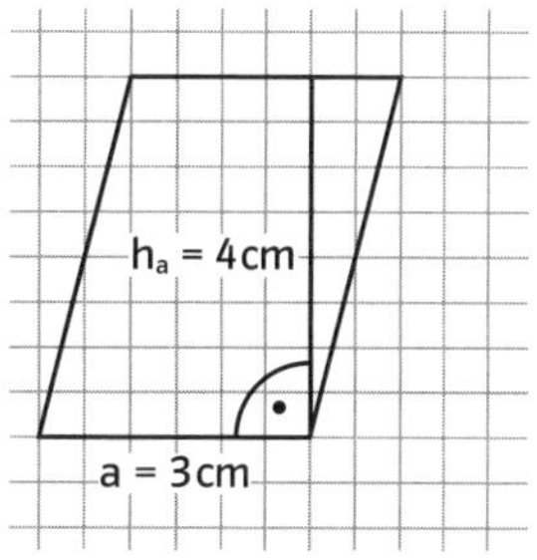

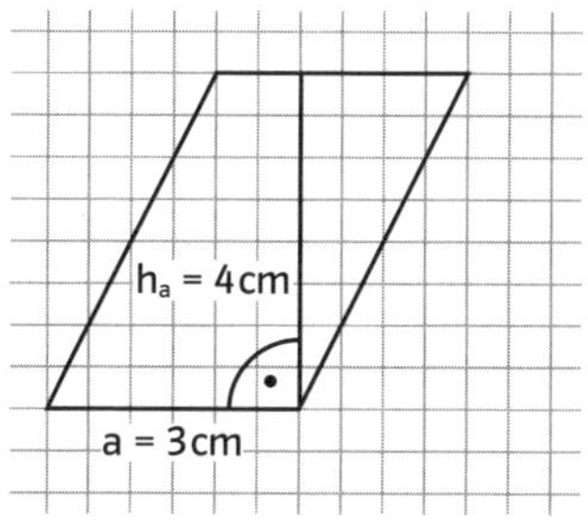

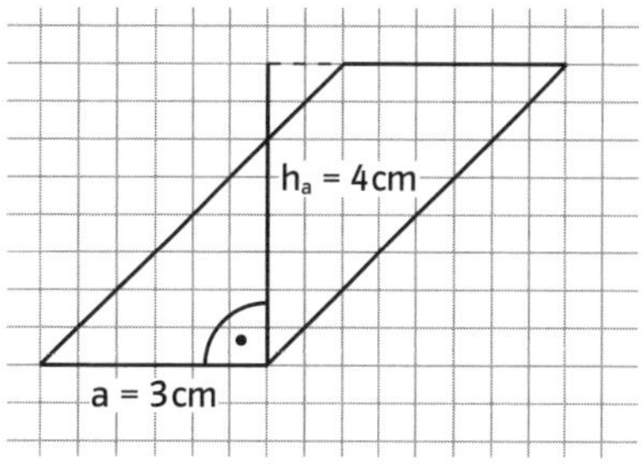

b) Die Raute hätte also vier 3 cm lange Seiten und müsste auch eine Höhe von 4 cm besitzen. Da aber das Quadrat die flächengrößte Raute ist und diese in diesem Fall nur eine Höhe von 3 cm hat (Höhe = Breite), kann es eine solche Raute nicht geben.

Parallelogramm und DGS

Wenn die Bahnschranke mit dem Schutzgitter unten ist, ist ihre Fläche am größten. Je weiter sie nach oben steigt, desto kleiner wird ihre Fläche, bis sie nur noch die Fläche der Schranke ohne Schutzgitter umfasst, sobald sie senkrecht steht.

Seite 58

10 Der Praktikant hat bei der Berechnung der Fläche nicht die Höhe der langen Seite zugrunde gelegt, sondern die kurze Seite. Dadurch wird die Gesamtfläche vergrößert. Die Höhe zur langen Seite beträgt ungefähr 1 m, so dass die Gesamtfläche insgesamt nur $7\,m^2$ umfasst. Dadurch spart ein interessierter Werbepartner 300 Euro.

11 $A_{Straße} = 28\,m \cdot 30\,m = 840\,m^2$

12 $A_{markierte\ Fläche} = 3{,}30\,m \cdot 2{,}00\,m = 6{,}60\,m^2$
$6{,}60 \cdot 45{,}30\,€ = 298{,}98\,€$

13 $A_{gefärbter\ Teil} = 6{,}00\,m \cdot 4{,}25\,m + 4{,}00\,m \cdot 4{,}25\,m$
$= 42{,}5\,m^2$
$42{,}5 \cdot 35 = 1487{,}5$
Es werden mindestens 1488 Ziegel benötigt.

14

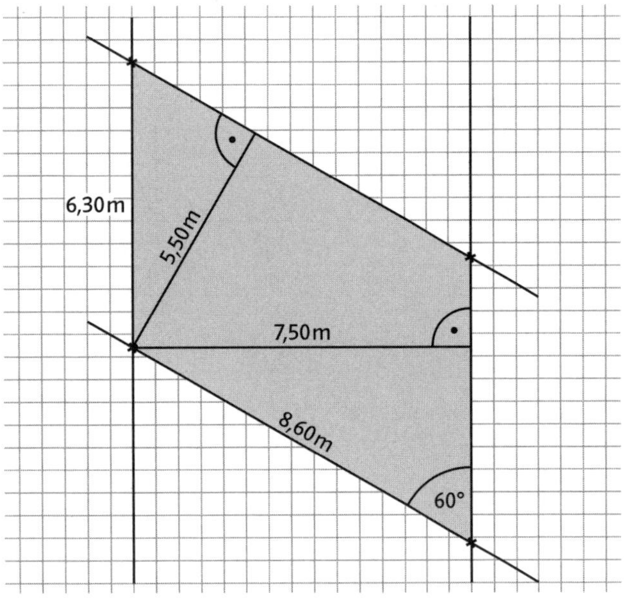

$A_{\text{markierte Fläche}} = 8{,}60\,m \cdot 5{,}50\,m = 47{,}30\,m^2$

15 Der Umfang wird immer größer, je weiter rechts die Figur steht. Der Flächeninhalt ist jedoch bei allen Figuren gleich, da a und h_a immer gleich bleiben.

16 Das rote Parallelogramm hat denselben Flächeninhalt wie das schwarze, da eine Seite und die Höhe darüber übereinstimmen. Ebenso hat auch das blaue Parallelogramm denselben Flächeninhalt wie das schwarze, da eine Seite und die Höhe darüber übereinstimmen. Folglich haben das rote und das blaue Parallelogramm denselben Flächeninhalt.

17 Je nach Messung können die Ergebnisse variieren.

a) u = 8,7 cm $A = 3\,cm^2$
b) u = 9,2 cm $A = 3{,}75\,cm^2$
c) u = 15,6 cm $A = 10\,cm^2$
d) u = 16,6 cm $A = 9{,}25\,cm^2$

3 Dreieck

Seite 59

Einstiegsaufgabe

➔ Der Flächeninhalt ist nur halb so groß, d.h.
$A_{Dreieck} = \frac{1}{2} \cdot a \cdot h_a$

Seite 60

1 individuelle Lösung (Bei einem Vergleich der Ergebnisse lassen sich evtl. geringfügige Ergebnisunterschiede aufgrund von Mess- und Zeichenungenauigkeiten feststellen.)

2 a) $A = 17{,}5\,cm^2$ b) $A = 16{,}5\,cm^2$
c) $A = 51{,}85\,cm^2$ d) $A = 11{,}6\,dm^2$
e) $A = 20{,}14\,cm^2$ f) $A = 1{,}7\,m^2$

3 a) $A = 6{,}88\,cm^2$ b) $A = 5{,}94\,cm^2$
c) $A = 8{,}64\,cm^2$

4 a)

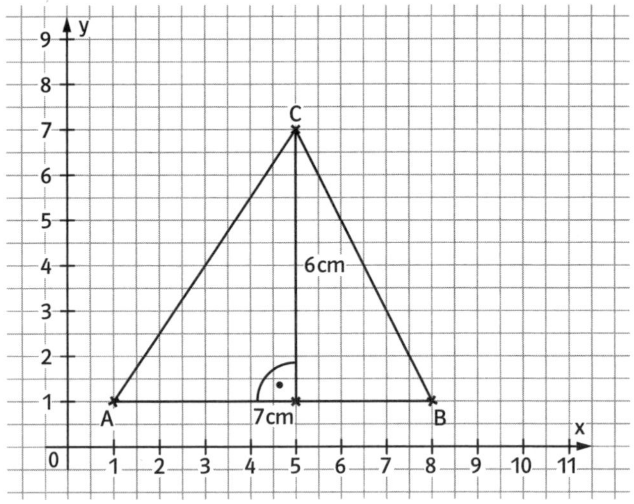

$A = 21\,cm^2$; u = 20,9 cm

b)

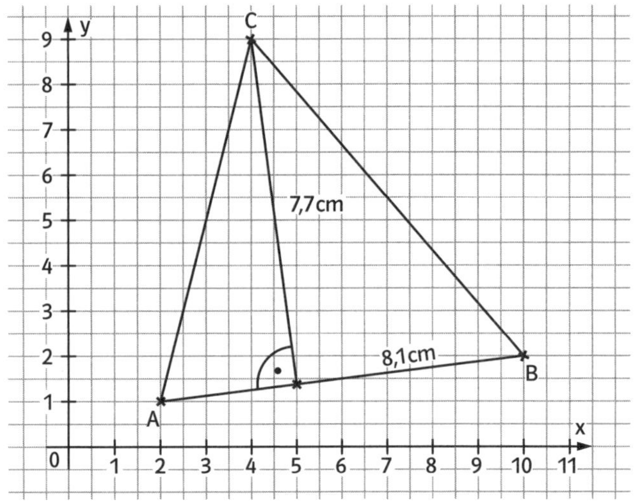

$A \approx 31{,}2\,cm^2$; u = 23,3 cm

c)

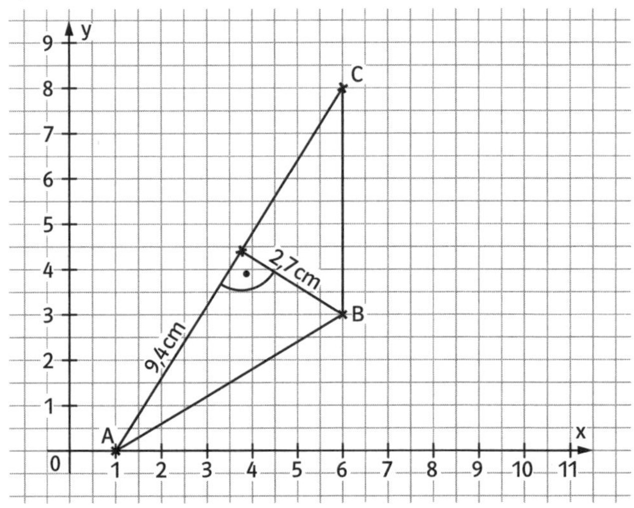

$A \approx 12{,}5\,cm^2$; u = 20,2 cm

d)

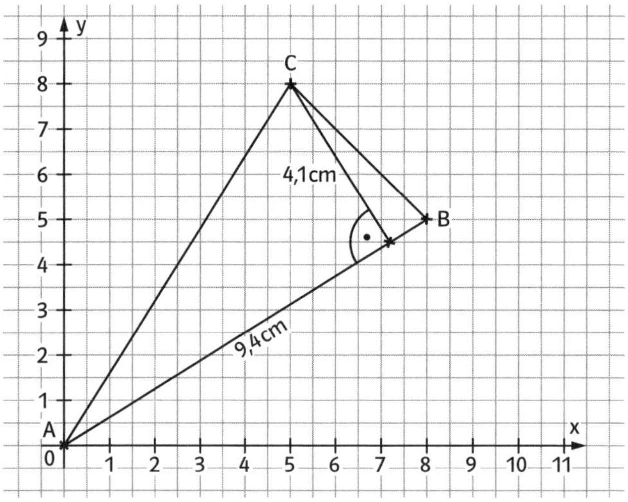

A ≈ 19,27 cm²; u = 23 cm

e)

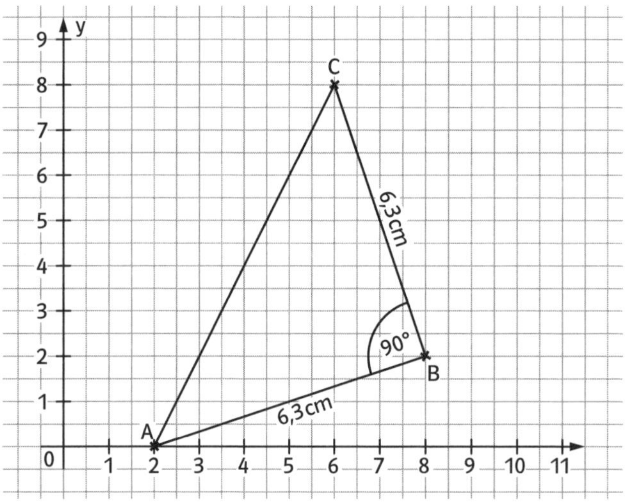

A ≈ 19,85 cm²; u = 21,5 cm

5

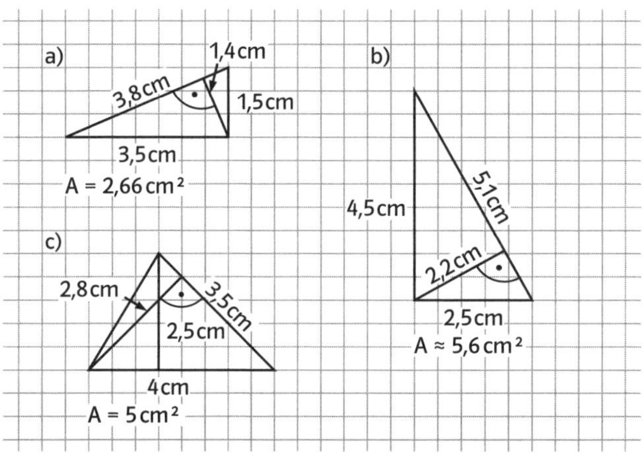

6 a)

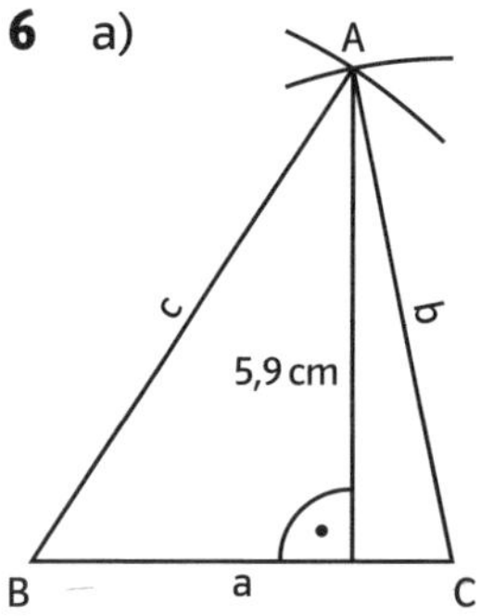

A = 14,75 cm²
u = 18 cm

b)

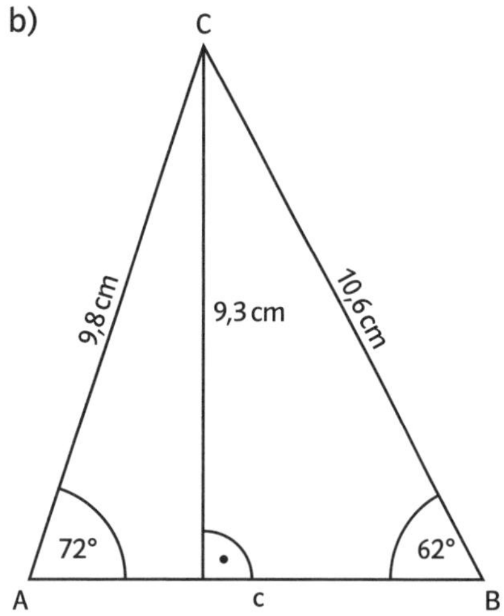

A = 37,2 cm²
u = 28,4 cm

c)

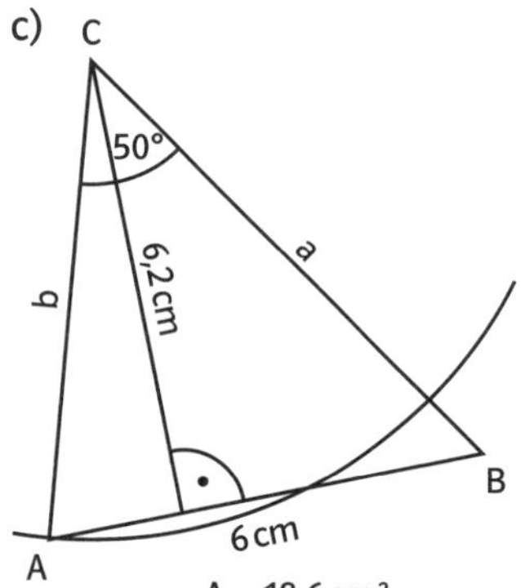

A = 18,6 cm²
u = 20 cm

d)

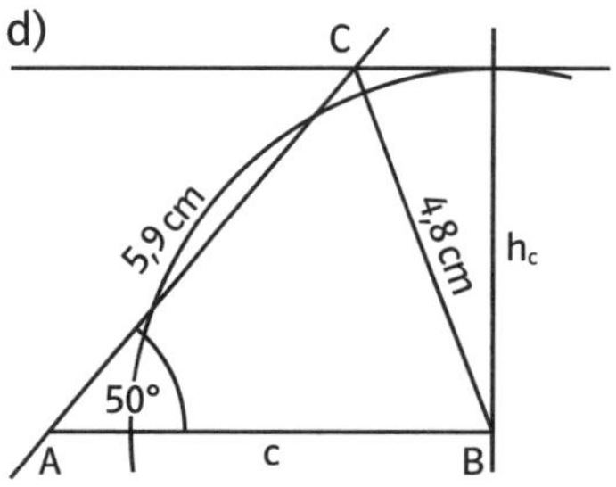

A = 12,4 cm²
u = 16,2 cm

7

a	6 cm	7,5 m	6 dm	70 dm
b	8 cm	12 m	0,4 m	36 dm
h_a	14 cm	80 dm	0,9 m	18 dm
h_b	10,5 cm	50 dm	13,5 dm	35 dm
A	42 cm²	30 m²	27 dm²	6,3 m²

8 mögliche Lösungen:

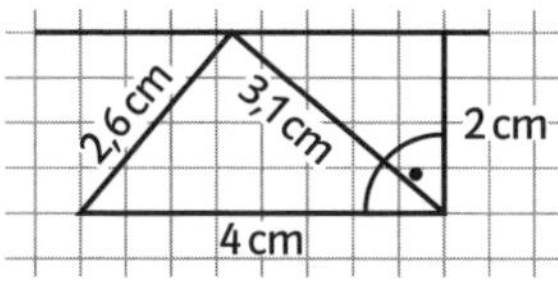

u = 9,7 cm

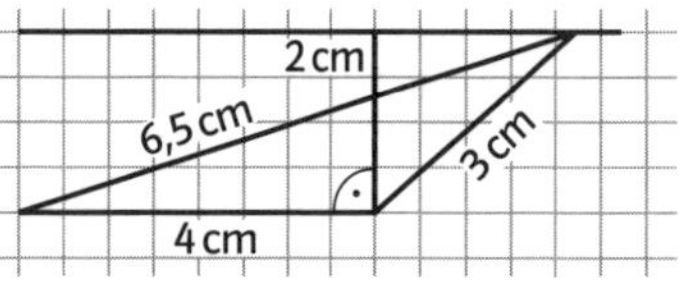

u = 13,5 cm

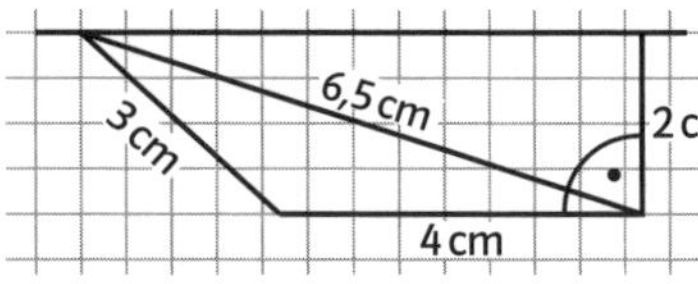

u = 13,5 cm

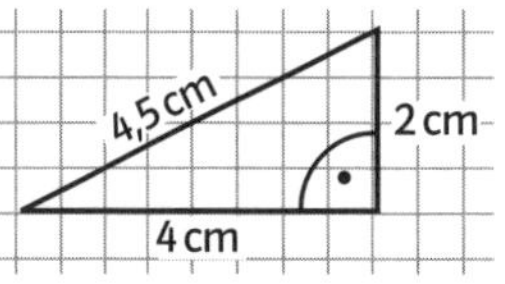

u = 10,5 cm

Randspalte
oben:
individuelle Lösungen; abgebildetes Dreieck:
A = 3 Nagelquadrate
unten:
breiteres Dreieck: $A = \frac{1}{2} \cdot 1{,}4\,\text{cm} \cdot 2{,}2\,\text{cm} \approx 1{,}5\,\text{cm}^2$
dünneres Dreieck: $A = \frac{1}{2} \cdot 0{,}4\,\text{cm} \cdot 7{,}4\,\text{cm} \approx 1{,}5\,\text{cm}^2$

Seite 61

9 $h_b = (24\,\text{cm}^2 : 6\,\text{cm}) \cdot 2 = 8\,\text{cm} = a$
$u = a + b + c = 8\,\text{cm} + 6\,\text{cm} + 10\,\text{cm} = 24\,\text{cm}$
$h_c = (24\,\text{cm}^2 : 10\,\text{cm}) \cdot 2 = 4{,}8\,\text{cm}$

10 $A_{\text{Parallelogramm}} = A_{\text{Rechteck}} - A_{\text{Dreiecke}}$
$= 7 \cdot 5\,\text{cm}^2 - 2 \cdot \frac{1}{2} \cdot 4 \cdot 3\,\text{cm}^2 - 2 \cdot \frac{1}{2} \cdot 3 \cdot 2\,\text{cm}^2$
$= 35\,\text{cm}^2 - 18\,\text{cm}^2 = 17\,\text{cm}^2$

11 a) $A = \frac{1}{2} \cdot e \cdot e = \frac{1}{2} \cdot e^2$ b) $A = \frac{1}{2} \cdot e \cdot 2e = e^2$
c) $A = \frac{1}{2} \cdot e \cdot e = \frac{1}{2} \cdot e^2$
d) $A = \frac{1}{2} \cdot e \cdot \frac{e}{2} + \frac{1}{2} \cdot \frac{e}{2} \cdot \frac{e}{2} = \frac{e^2}{4} + \frac{e^2}{8} = \frac{3 \cdot e^2}{8}$

12 Holz: $\frac{1}{2} \cdot 1{,}5\,\text{m} \cdot 1{,}5\,\text{m} = 1{,}125\,\text{m}^2$
1,125 · 22,50 € ≈ 25,31 €
Glas: 2,60 m · 2,20 m = 5,72 m²
5,72 · 65 € = 371,80 €
Gesamt: 25,31 € + 371,80 € = 397,11 €

13 Die Gesamtfläche des Kirchendaches berechnet sich aus dem vierfachen Flächeninhalt einer Dreiecksfläche:
$A_D = \frac{5{,}2 \cdot 7{,}35}{2}\,\text{m}^2 = 19{,}11\,\text{m}^2$
$4 \cdot A_D = 76{,}44\,\text{m}^2$
Kosten = 76,44 · 29,50 € = 2254,98 €
Da man aber vermutlich für den Preis von 77 m² aufkommt, hat man 2271,50 € zu zahlen.

14 Dreieck mit Gebäude: $A = \frac{1}{2} \cdot 44{,}8\,\text{m} \cdot 58{,}5\,\text{m}$
$= 1310{,}4\,\text{m}^2$ (in der oberen linken Ecke liegt ein rechter Winkel vor)
Gebäude im Dreieck: $A = 22{,}5\,\text{m} \cdot 10{,}5\,\text{m} = 236{,}25\,\text{m}^2$

Dreieck (Schulhof): $A = 1310{,}4\,\text{m}^2 - 236{,}25\,\text{m}^2$
$= 1074{,}15\,\text{m}^2$

15 Die weiße Fläche ist ungefähr ein Drittel größer als die rote Fläche.

Dreieck und DGS

- Der Flächeninhalt wird verdoppelt, verdreifacht, ...
- Der Flächeninhalt wird vervierfacht, verneunfacht, ...
- Der Flächeninhalt bleibt gleich.
- Der Flächeninhalt bleibt gleich.

Der Umfang des Dreiecks ist am kleinsten, wenn das Dreieck gleichschenklig ist. Je weiter die Spitze nach rechts oder links wandert, desto größer wird der Umfang.

4 Trapez

Seite 62

Einstiegsaufgabe
→ Der Flächeninhalt muss mindestens 16 cm · 10 cm = 160 cm² sein.

Seite 63

1 a) 85,5 cm² b) 63 cm²
c) 812,67 cm² d) 20,4 dm²

2 a) 28 cm² b) 52,25 cm²
c) 46,48 cm² d) 32,97 cm²

3 individuelle Lösungen (eingezeichnetes Trapez: A = 4 Nagelquadrate)

4

a	11,8 cm	6 cm	12 cm	2,5 m
c	6,2 cm	4 cm	9 cm	4,5 m
h	8,4 cm	14 cm	8 cm	3,2 m
A	75,6 cm²	70 cm²	84 cm²	11,2 m²

5

a)

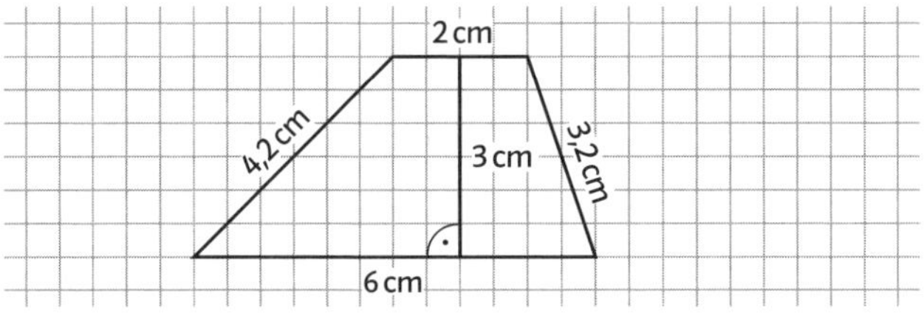

A = 12 cm²; u = 15,4 cm

b)

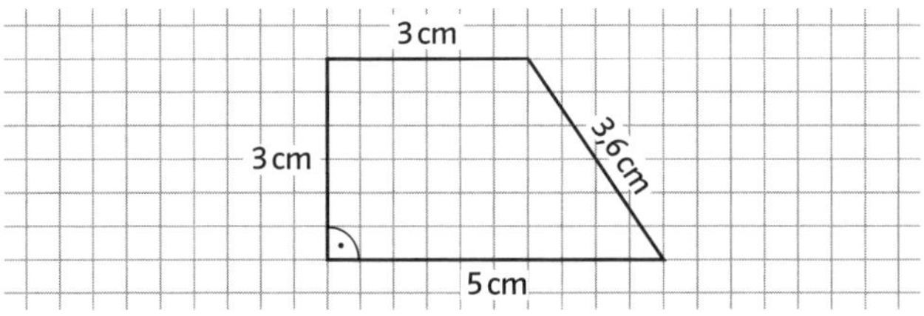

A = 12 cm²; u = 14,6 cm

c)

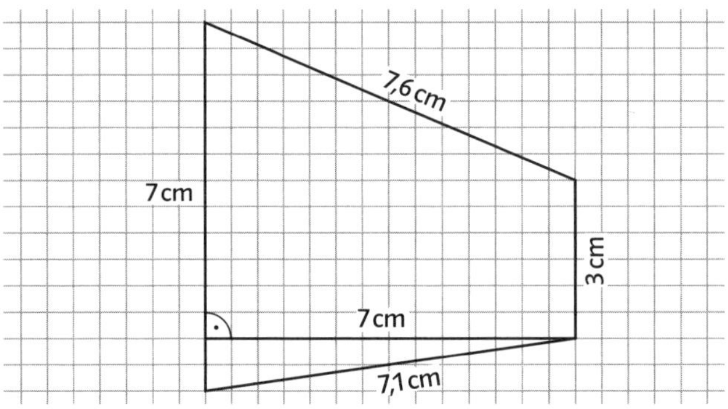

A = 35 cm²; u = 24,7 cm

d)

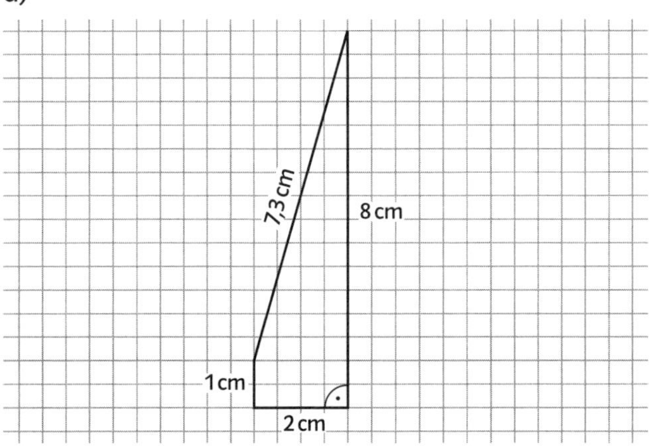

A = 9 cm²; u = 18,3 cm

6 a)

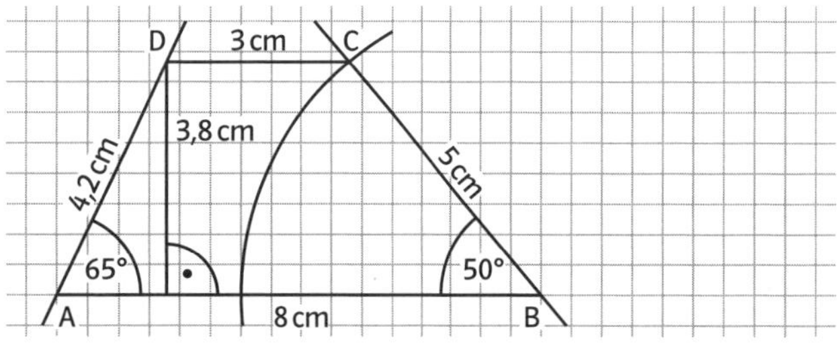

A = 20,9 cm²; u = 20,2 cm

b)

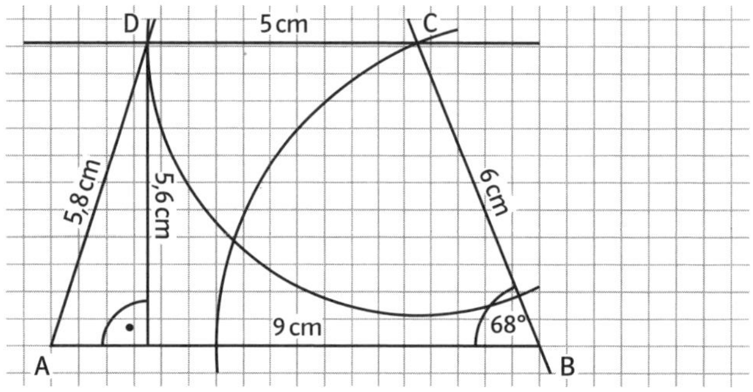

A = 39,2 cm²; u = 25,8 cm

c)

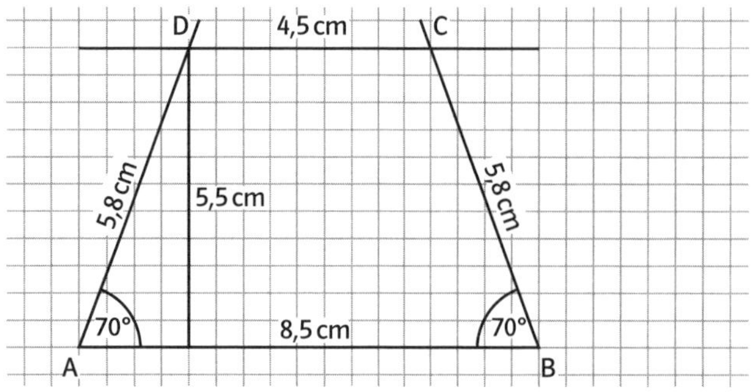

A = 35,75 cm²; u = 24,6 cm

d)

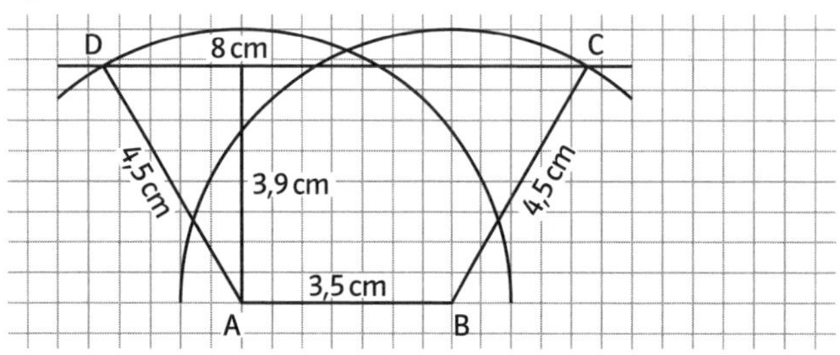

A = 22,425 cm²; u = 20,5 cm

7 A = 0,84 m² $\quad$ 0,84 · 75 € = 63 €

8 $A_{Wohnung} = A_{Gebäudegrundriss} - A_{Balkon}$

Maße: Seite Balkon–Wohnen: 7,5 m

Seite Balkon–Flur (Höhe des Trapezes): 10 m

Seite Wohnen–Essen–Küche: 10 m

Größe Balkon: 5 m × 5 m

(die Wandstärken werden nicht mit berechnet bzw. rausgerechnet)

$A_{Gebäudegrundriss} = \frac{7,5 + 10}{2} \cdot 10\,m^2 = 87,5\,m^2$

$A_{Balkon} = 25\,m^2$

$A_{Wohnung} = 87,5\,m^2 - 25\,m^2 = 62,5\,m^2$

Seite 64

9 $A = \frac{1}{2} \cdot (18{,}5\,m + 9{,}3\,m) \cdot 5{,}2\,m = 72{,}28\,m^2$

10 $A = \frac{1}{2} \cdot (90\,m + 162\,m) \cdot 11\,m = 1386\,m^2$ (Fläche im Querschnitt durch den Kanal)

11 $A_{\text{eines Steines}} = 16\,cm \cdot 20\,cm - 2 \cdot \frac{1}{2}(13\,cm + 9\,cm) \cdot 2{,}5\,cm = 320\,cm^2 - 55\,cm^2 = 265\,cm^2$
$1\,m^2 : 265\,cm^2 \approx 37{,}74$
Es werden ca. 38 Steine pro Quadratmeter benötigt.

12 $A_{\text{hinten}} = 700\,cm^2$ $A_{\text{vorn}} = 560\,cm^2$
$A_{\text{Seiten}} = 913{,}5\,cm^2$ $A_{\text{Deckel}} = 700\,cm^2$
$A_{\text{Boden}} = 680\,cm^2$ $A_{\text{gesamt}} = 4467\,cm^2 = 0{,}4467\,m^2$

13 $A_{\text{Dach}} = 6 \cdot \frac{1}{2}(140\,cm + 40\,cm) \cdot 100\,cm = 54\,000\,cm^2$
$A_{\text{Sitz}} = 6 \cdot \frac{1}{2}(106\,cm + 60\,cm) \cdot 40\,cm = 19\,920\,cm^2$

$A_{\text{gesamt}} = 73\,920\,cm^2 = 7{,}392\,m^2$
Kosten: $7{,}392 \cdot 32{,}50\,€ = 240{,}24\,€$.
Bei den anderen Formen gilt: Je weniger Flächen man benutzt, desto länger werden die Trapeze.

Trapez und DGS

Der Umfang ist am kleinsten, wenn das Trapez zu einem Quadrat wird.

5 Vielecke

Seite 65

Einstiegsaufgabe

→ $A = 200{,}88\,m^2$

→ Wohnfläche einer Etage in zwei Trapeze zerlegen ($a = 6{,}2\,m$; $c = 12{,}4\,m$; $h = 5{,}4\,m$); Flächeninhalt des Trapezes berechnen ($A = 50{,}22\,m^2$); Flächeninhalt mit 4 multiplizieren, da der Familie zwei Etagen mit je zwei Trapezen zur Verfügung stehen
Alternative: Wohnfläche einer Etage in sechs gleichseitige Dreiecke zerlegen ($a = 6{,}2\,m$; $h = 5{,}4\,m$); Flächeninhalt eines Dreiecks berechnen ($A = 16{,}74\,m^2$); Flächeninhalt mit 12 multiplizieren, da der Familie zwei Etagen mit je sechs Dreiecken zur Verfügung stehen.

Seite 66

1 a) $A = \frac{1}{2} \cdot 20\,cm \cdot 12\,cm + \frac{1}{2} \cdot (32\,cm + 20\,cm) \cdot 12\,cm = 432\,cm^2$

b) $A = \frac{1}{2} \cdot 8\,cm \cdot 14\,cm + \frac{1}{2}(14\,cm + 18\,cm) \cdot 16\,cm + \frac{1}{2} \cdot 12\,cm \cdot 18\,cm = 420\,cm^2$

c) $A = \frac{1}{2}(5\,cm + 3\,cm) \cdot 6\,cm + 18\,cm \cdot 5\,cm + \frac{1}{2} \cdot 18\,cm \cdot 6\,cm = 168\,cm^2$

2

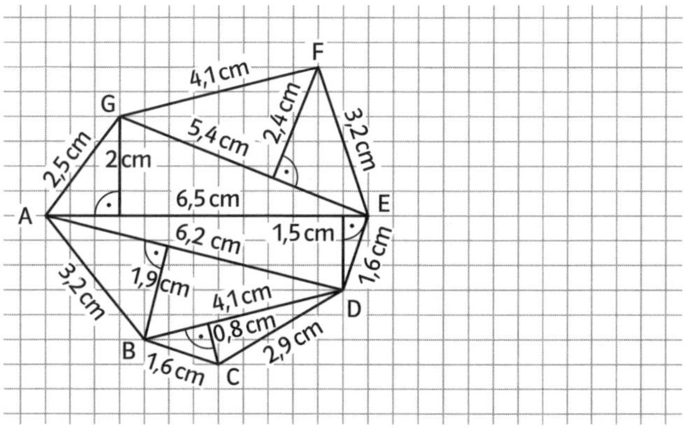

$A = 25{,}385\,cm^2$; $u = 19{,}1\,cm$

3

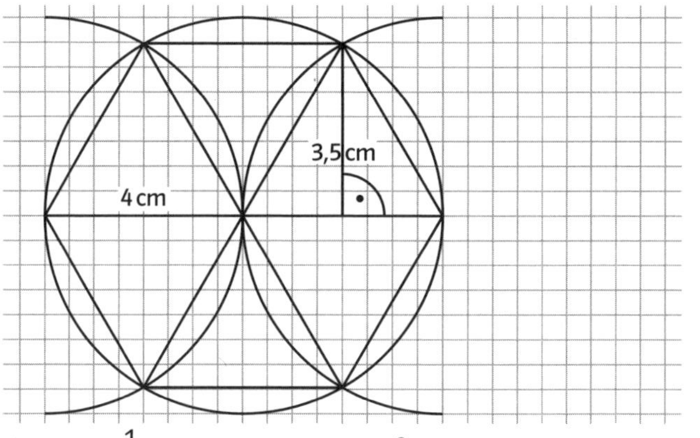

$A_{\text{Dreieck}} = \frac{1}{2} \cdot 4\,cm \cdot 3{,}5\,cm = 7\,cm^2$
$A_{\text{gesamt}} = 42\,cm^2$; $u = 6 \cdot 4\,cm = 24\,cm$

4 $A = \frac{1}{2} \cdot 76\,m \cdot 28\,m + \frac{1}{2} \cdot 85\,m \cdot 45\,m + \frac{1}{2} \cdot 85\,m \cdot 40\,m + \frac{1}{2} \cdot 64\,m \cdot 17\,m = 5220{,}5\,m^2$

5 $A = 72\,cm^2 - (5\,cm^2 + 2{,}5\,cm^2 + 4\,cm^2 + 3\,cm^2) = 57{,}5\,cm^2$

6 a)

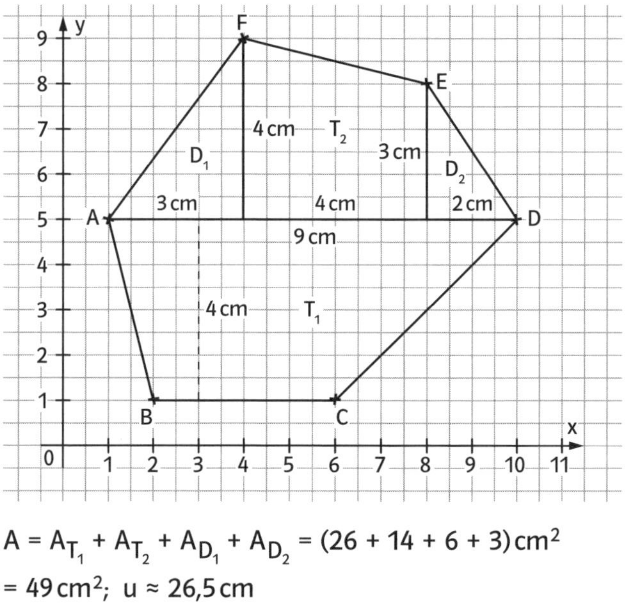

$A = A_{T_1} + A_{T_2} + A_{D_1} + A_{D_2} = (26 + 14 + 6 + 3)\,cm^2 = 49\,cm^2$; $u \approx 26{,}5\,cm$

b)

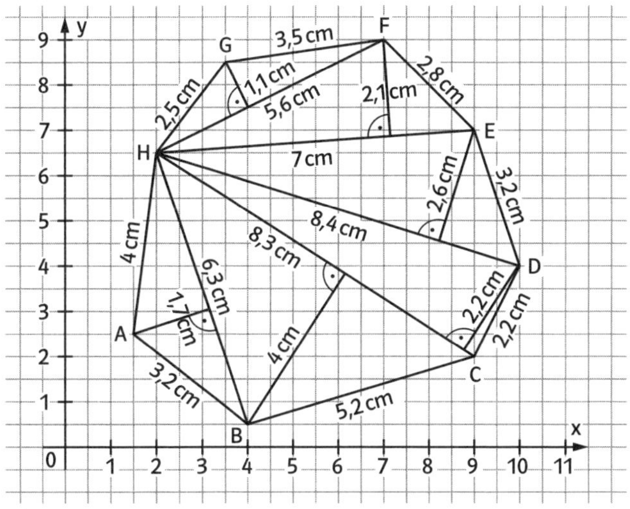

A = 52,43 cm²; u = 26,6 cm

Üben • Anwenden • Nachdenken

Seite 68

1

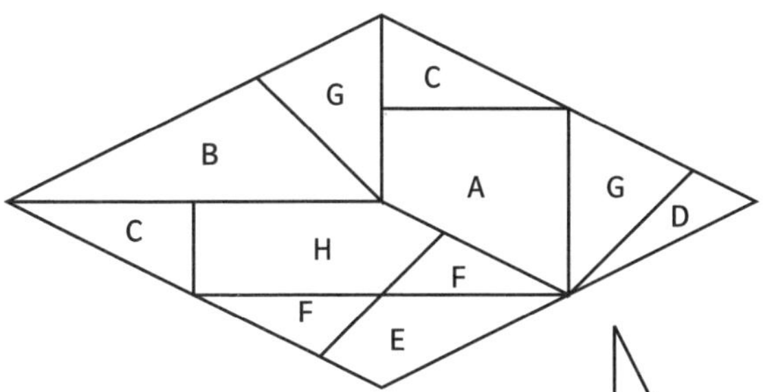

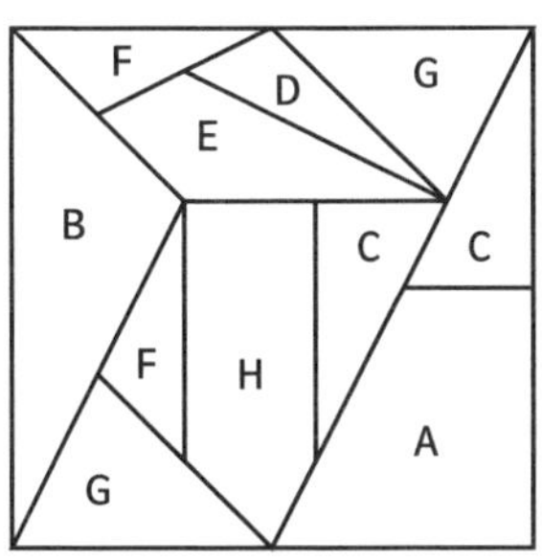

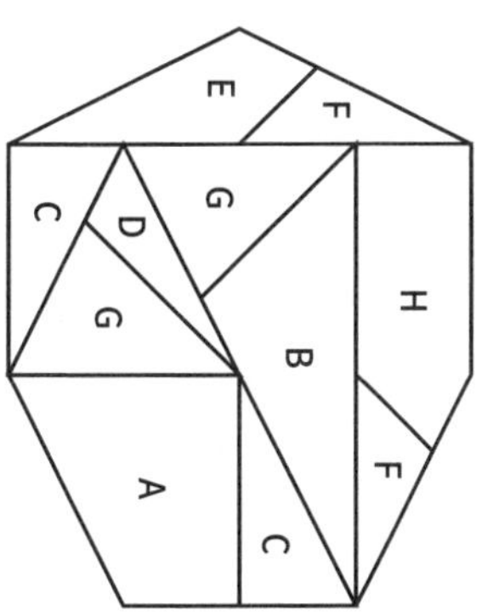

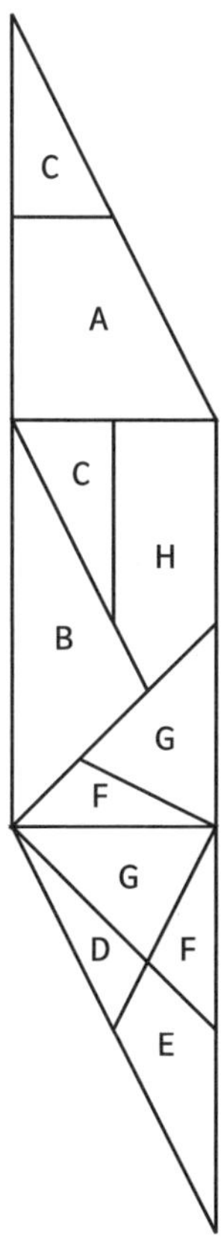

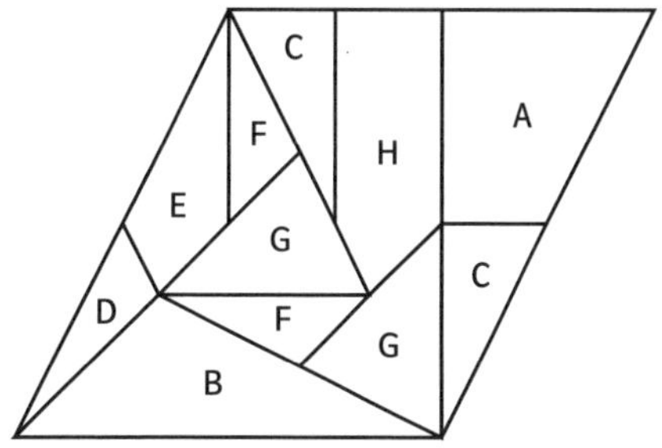

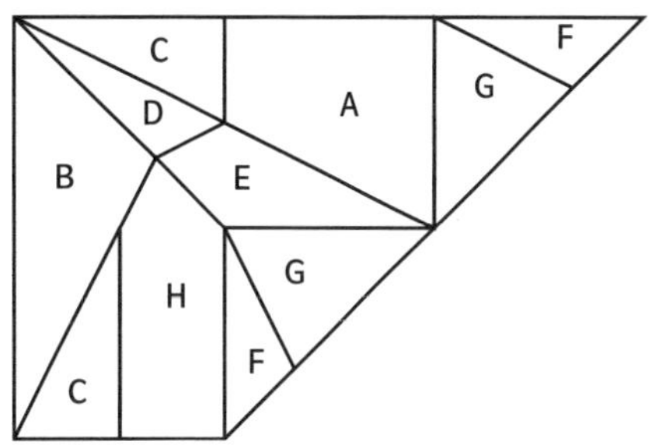

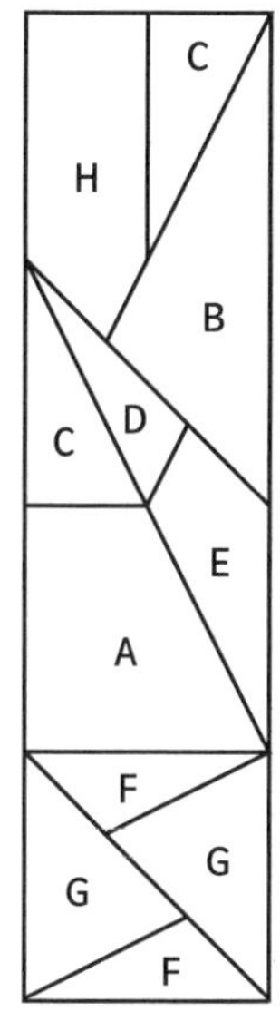

2 a) Rechteck

a	12 cm	6,2 m	4,8 cm	13,5 m
b	7 cm	3,5 m	3,5 cm	25,2 m
u	38 cm	19,4 m	16,6 cm	77,4 m
A	84 cm²	21,7 m²	16,8 cm²	340,2 m²

b) Parallelogramm

a	8 cm	18 cm	3,2 m	7,2 cm
b	6 cm	15 cm	6,4 m	27,9 cm
h_a	5,25 cm	10 cm	5,2 m	25,2 cm
h_b	7 cm	12 cm	2,6 m	6,5 cm
u	28 cm	66 cm	19,2 m	63,4 cm
A	42 cm²	180 cm²	16,64 m²	181,44 cm²

Fehler im ersten Druck des Schülerbuches: Hier muss es in der Tabellenzelle unten rechts 181,44 cm² heißen. Außerdem müssen in der rechten Spalte die Werte für b und h_a getauscht werden.

c) Dreieck

c	32 cm	5,5 cm	47 m	7 m
h_c	45 cm	6,8 cm	58 m	156 cm
A	720 cm²	18,7 cm²	13,63 a	5,46 m²

d) Trapez

a	38 cm	2,5 m	7,2 cm	1,8 m
c	14 cm	0,9 m	5,4 cm	140 cm
h	25 cm	2,8 m	3,5 cm	3,1 m
A	650 cm²	4,76 m²	22,05 cm²	496 dm²

Fehler im ersten Druck des Schülerbuches: Hier muss es in der zweiten Spalte unten 4,76 m² heißen.

Drachen und Raute

▪

e	11 cm	16 cm	380 cm	13 dm
f	16 cm	9,5 cm	11 m	14,5 dm
A	88 cm^2	76 cm^2	20,9 m^2	0,9425 m^2

▪

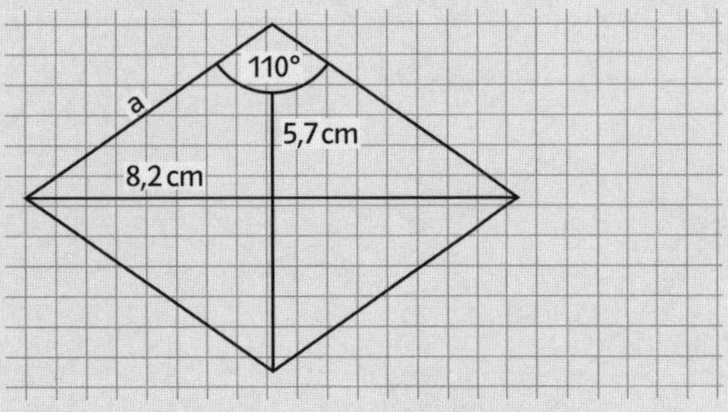

$A = \frac{1}{2} \cdot e \cdot f = \frac{1}{2} \cdot 8{,}2\,cm \cdot 5{,}7\,cm = 23{,}37\,cm^2$
oder
$A = a \cdot h_a = 5\,cm \cdot 4{,}7\,cm = 23{,}5\,cm^2$
Die beiden Ergebnisse unterscheiden sich etwas, da bei der Formel für die Raute zwei Messwerte (und damit evtl. zwei Messfehler) in die Berechnung einfließen.

Seite 69

3 a)

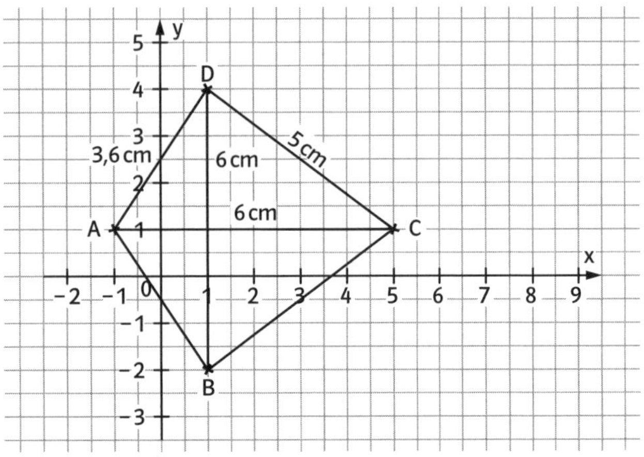

$A = 18\,cm^2$; $u = 17{,}2\,cm$

b) $A = 15\,cm^2 = \frac{1}{2} \cdot 4 \cdot e$; $e = 7{,}5\,cm$.
Die beiden fehlenden Eckpunkte des Drachens liegen auf der Mittelsenkrechten der Strecke $\overline{AC}$. Als x-Koordinate haben sie also immer −1 und sie liegen 7,5 cm voneinander entfernt.
Beispiele: B(−1 | −5); D(−1 | 2,5) oder B(−1 | −9); D(−1 | −1,5).

4 individuelle Lösungen (eingezeichnete Figur: A = 3,5 Nagelquadrate, unregelmäßiges Viereck)

5 a) $h = 3e$ b) $c = 3e$

6 $A_{Rechteck} = 2\,cm \cdot 2{,}5\,cm = 5\,cm^2$
Die obere Figur besteht aus einem Quadrat mit der Seitenlänge $a = 2\,cm$, d.h. $A = 4\,cm^2$, bei dem an jeder Seite ein Dreieck mit $A = \frac{1}{4}\,cm^2$ angefügt wird. Also besitzt die ganze Figur einen Flächeninhalt von $A = 5\,cm^2$.

7 a) $A = 35{,}68\,cm^2$ b) $A = 78{,}4\,cm^2$
c) $A = 47{,}3\,cm^2$

8 $A_1 = 704\,m^2$ $A_2 = 520\,m^2$ $A_3 = 820\,m^2$
$A_4 = 361\,m^2$ $A_5 = 952\,m^2$ $A_6 = 675\,m^2$
$A_7 = 899\,m^2$ $A_{gesamt} = 4931\,m^2$
$4931 \cdot 262{,}50\,€ = 1\,294\,387{,}50\,€$

Seite 70

9 $\frac{147\,m^2 + 134{,}75\,m^2 + 134{,}75\,m^2}{1984{,}5\,m^2} = \frac{416{,}5\,m^2}{1984{,}5\,m^2} \approx 0{,}20987$
Ungefähr 21 % Gesamtgrundstücksfläche sind bebaut.

10 a) $A = 2 \cdot \frac{1}{2}(10{,}5\,m + 6{,}4\,m) \cdot 5{,}8\,m + 2 \cdot \frac{1}{2} \cdot 7{,}3\,m \cdot 6{,}15\,m = 142{,}915\,m^2$
$142{,}915 \cdot 32{,}50\,€ \approx 4644{,}74\,€$
b) $A = 2 \cdot \frac{1}{2}(11{,}45\,m + 10{,}2\,m) \cdot 5{,}2\,m + 2 \cdot \frac{1}{2}(10{,}2\,m + 6{,}9\,m) \cdot 3{,}55\,m + 2 \cdot \frac{1}{2} \cdot 3{,}95\,m \cdot 3{,}8\,m = 188{,}295\,m^2$
$188{,}295 \cdot 32{,}50\,€ \approx 6119{,}59\,€$

11 a) $A = 598{,}56\,m^2$
b) $8\left(\frac{1}{2} \cdot b \cdot h_2\right) + 4\left(\frac{1}{2} \cdot b \cdot h_3\right) + 4\left(\frac{1}{2} \cdot (a + b) \cdot h_1\right)$
$= 4bh_2 + 2bh_3 + 2bh_1 + 2ah_1$
$= 2b(2h_2 + h_3 + h_1) + 2ah_1$

Büromöbel

- individuelle Lösungen
- Die Seitenlängen der verschiedenen Tischarten müssen gleich lang sein.
- Je nachdem, wie die Tische kombiniert werden, können zwei oder drei Stühle an einem solchen Trapeztisch Platz finden. Steht ein Tisch alleine, passen maximal 5 Stühle an den Tisch, allerdings haben die Personen dann nur sehr wenig Platz.

4 Lineare Funktionen

Auftaktseite: Handytarife

Seiten 72 bis 73

- Hat man die Tarife Einsteiger, Normal und Profi zur Auswahl, dann sollte man bei 70 SMS pro Monat das Tarifmodell „Einsteiger" wählen, da man dort 5€ + 30·0,19€ = 10,70 Euro bezahlt und der nächste Tarif teurer ist. Bis 100 SMS pro Monat lohnt sich jedoch der Tarif „Normal" für 15 Euro, denn mit dem Tarif „Einsteiger" würde man 5€ + 60·0,19€ = 16,40 Euro bezahlen. Versendet man im Monat 220 SMS, bezahlt man mit dem Tarif „Normal" 15€ + 70·0,19€ = 28,30 Euro. Man wählt dann also besser den Tarif „Profi".
- Da Nora durchschnittlich etwa 140 SMS pro Monat schreibt, sollte sie den Tarif „Normal" wählen. Mit dem Tarif „Einsteiger" müsste sie nämlich etwa 24 Euro bezahlen.

- Max sollte den Tarif „Normal" wählen, bei dem er zu den Anschlusskosten 9,95 Euro bezahlt, beim Tarif „Einsteiger" müsste er zu der Anschlussgebühr 4,95€ + 50·0,19€ = 14,45 Euro bezahlen.
- Die Grundgebühr ist beim Tarif „Normal" 5 Euro teurer. Dafür kann man 26 SMS verschicken. Ab 127 SMS pro Monat ist also der Tarif „Normal günstiger.
- In den Prospekten der Handyanbieter oder im Internet findet man die verschiedenen Tarife. Oft unterscheiden sich nicht nur die Grundgebühren, sondern auch die Kosten für das Versenden einer SMS oder die Anschlussgebühr bei den unterschiedlichen Anbietern.

- Die Kosten für die Hauptzeit, die Nebenzeit und das Wochenende sind Minutenpreise. Wählt Lara den Tarif „Basic" muss sie 9,95€ + 30·0,49€ + 30·0,19€ + 60·0,09€ = 35,75 Euro bezahlen. Sie sollte deshalb den Tarif „Quality" wählen, bei dem sie für die gleichen Gesprächszeiten 19,95€ + 30·0,15€ + 30·0,15€ + 60·0,09€ = 34,35 Euro bezahlt.
- Kann sie die Freiminuten für ihre Telefonate in der Haupt- und Nebenzeit nutzen, lohnt sich der Tarif Premium, da sie für die 15€ Zusatzkosten 60 Freiminuten bekommt. Normal muss sie beim Tarif Basic für 30 Minuten in der Hauptzeit und 30 Minuten in der Nebenzeit 20,40€ bezahlen.

- 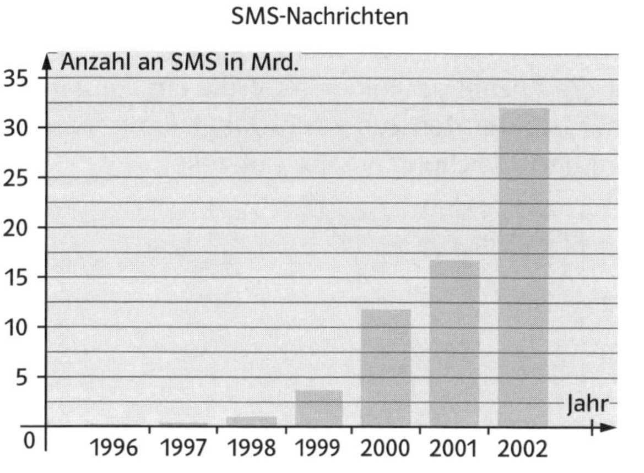

  Ein Kreisdiagramm ist nicht geeignet, weil man die Entwicklung nicht gut ablesen kann. Ein Kreisdiagramm verwendet man zur Darstellung prozentualer Anteile.
- Jeder der 60 Mio. Handybesitzer verschickt im Jahr etwa 535 SMS; individuelle Lösungen.

1 Funktionen

Seite 74

Einstiegsaufgabe

➔

Minuten	0	10	20	30	40	50	60
Pulsfrequenz	80	135	165	135	130	120	180

➔ Svenjas Puls ändert sich zum Beispiel, wenn sie die Geschwindigkeit ändert oder wenn sich die Steigung im Gelände ändert.

Seite 75

1 a) Gefahrene Kilometer – Benzinverbrauch: Funktion, denn zu jeder gefahrenen Strecke kann man einen bestimmten Benzinverbrauch bestimmen.
Verkaufte Eintrittskarten – erzielte Einnahmen: Funktion, denn jeder Zahl verkaufter Eintrittskarten gehört eine bestimmte Einnahme.
Heizölmenge – Rechnungsbetrag: Funktion, denn jede Heizölmenge kostet einen bestimmten Betrag.
Bahnkilometer – Fahrpreis bzw. Fahrpreis – Bahnkilometer: Zu jeder Anzahl von Bahnkilometern gehört ein bestimmter Fahrpreis und umgekehrt.
Es ist keine Funktion, wenn man Spartarife etc. einbezieht, denn dann können 50 Bahnkilometer den regulären und einen Spartarifpreis haben.
Porto – Briefgewicht: keine Funktion, denn für einen Portobetrag kann man Briefe verschiedenen Gewichts abschicken.

b) Beispiele: Kilometer, die ein Fußgänger oder ein Auto in einer bestimmten Zeit zurücklegt; Menge des Wassers, das in einer bestimmten Zeit aus dem Wasserhahn läuft; Temperaturabnahme in einer bestimmten Zeit, wenn Kaffee abkühlt; …
Für die Anzahl der Kilometer y, die ein Fußgänger in einer bestimmten Zeit x zurücklegt, kann man die Funktionsgleichung $y = 3x$ aufstellen.

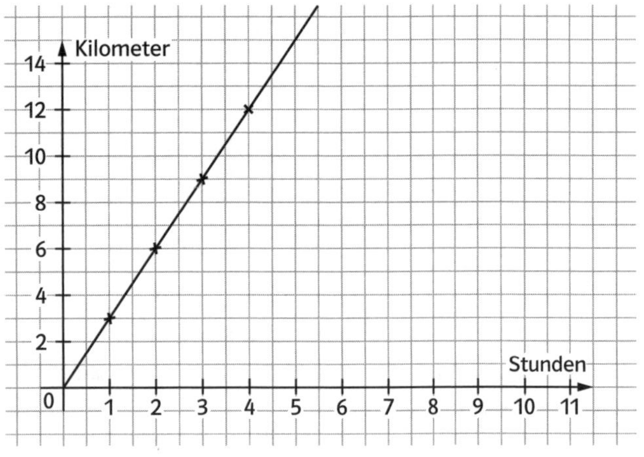

2 Zahl x und das Doppelte der Zahl y

x	−3	−2	−1	0	1	2	3
y	−6	−4	−2	0	2	4	6

Ja, es liegt eine Funktion vor. Die Funktionsgleichung lautet $y = 2x$.
Zahl x und die Summe aus der Zahl und 1

x	−3	−2	−1	0	1	2	3
y	−2	−1	0	1	2	3	4

Ja, es liegt eine Funktion vor. Die Funktionsgleichung lautet $y = x + 1$.
Zahl x und das Dreifache der Zahl

x	−3	−2	−1	0	1	2	3
y	−9	−6	−3	0	3	6	9

Ja, es liegt eine Funktion vor. Die Funktionsgleichung lautet $y = 3x$.

3 a) $y = 2x - 1$

x	−3	−2	−1	0	1	2	3
y	−7	−5	−3	−1	1	3	5

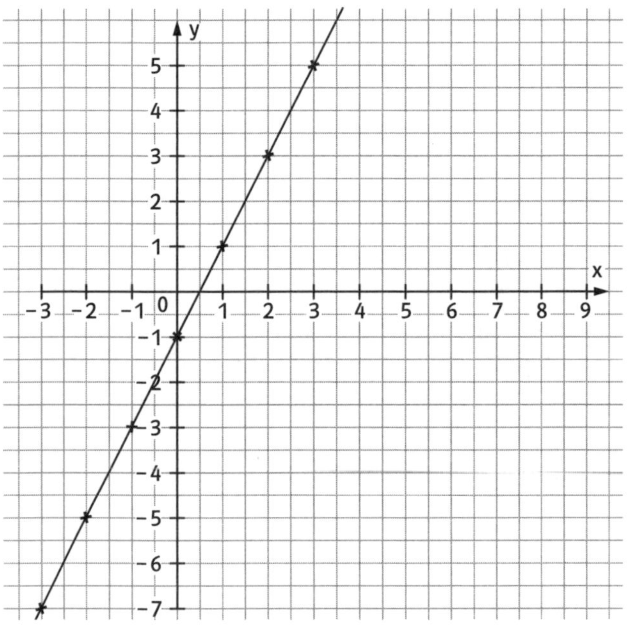

b) $y = -1{,}5x + 2$

x	−2	−1	0	1	2	3	4
y	5	3,5	2	0,5	−1	−2,5	−4

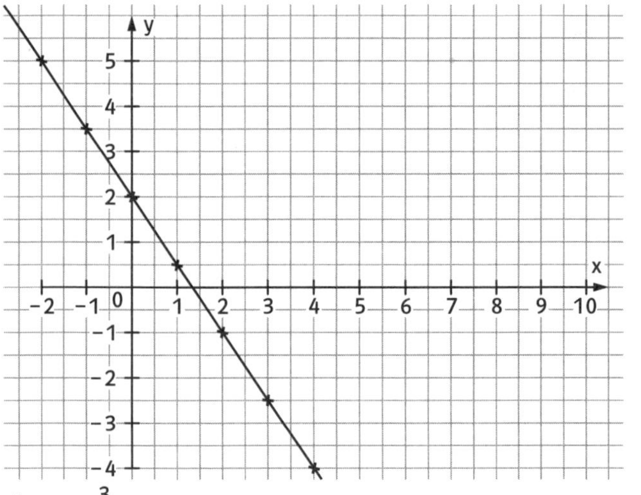

c) $y = -\frac{3}{x}$

x	−4	−3	−2	−1	0	1	2
y	0,75	1	1,5	3	nicht def.	−3	−1,5

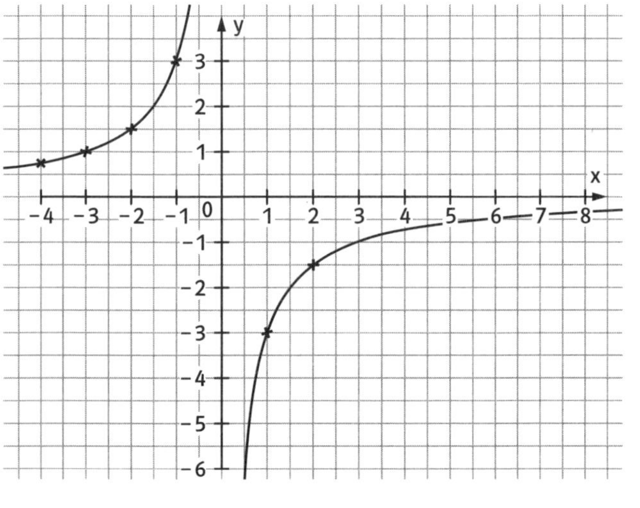

4 a) $y = 3x - 2$

x	−4	−3	−2	−1	0	1	2	3	4
y	−14	−11	−8	−5	−2	1	4	7	10

b) $y = 2{,}5x + 1$

x	−4	−3	−2	−1	0	1	2	3	4
y	−9	−6,5	−4	−1,5	1	3,5	6	8,5	11

c) $y = -2x + 0{,}5$

x	−4	−3	−2	−1	0	1	2	3	4
y	8,5	6,5	4,5	2,5	0,5	−1,5	−3,5	−5,5	−7,5

d) $y = -x - 1{,}5$

x	−4	−3	−2	−1	0	1	2	3	4
y	2,5	1,5	0,5	−0,5	−1,5	−2,5	−3,5	−4,5	−5,5

e) $y = \frac{1}{2}x + 2$

x	−4	−3	−2	−1	0	1	2	3	4
y	0	0,5	1	1,5	2	2,5	3	3,5	4

f) $y = -\frac{1}{4}x - 1{,}5$

x	−4	−3	−2	−1	0	1	2	3	4
y	−0,5	−0,75	−1	−1,25	−1,5	−1,75	−2	−2,25	−2,5

g) $y = (x - 1)^2$

x	−4	−3	−2	−1	0	1	2	3	4
y	25	16	9	4	1	0	1	4	9

h) $y = 2 - x^2$

x	−4	−3	−2	−1	0	1	2	3	4
y	−14	−7	−2	1	2	1	−2	−7	−14

a) bis d)

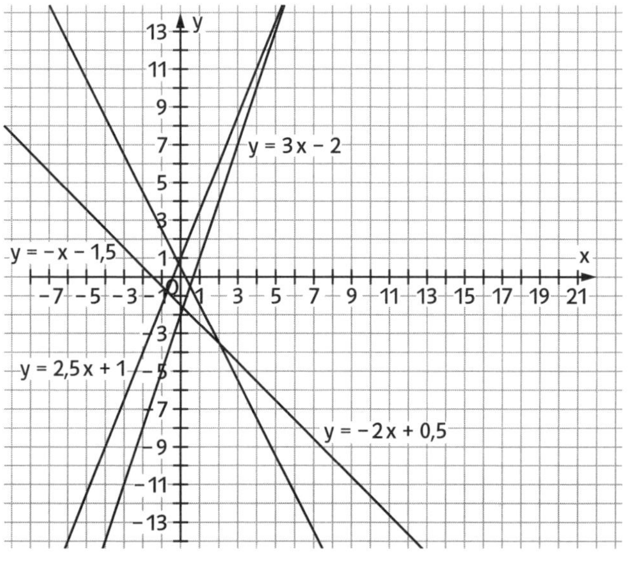

e) bis h)

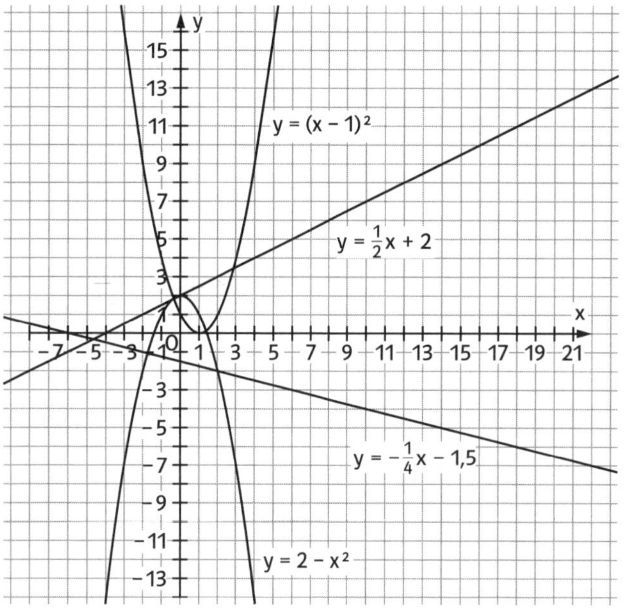

5 Zur ersten Tabelle gehört die Funktionsgleichung $y = 2x + 1$, zur zweiten Tabelle gehört die Funktionsgleichung $y = x^2 - 1$ und zur dritten Tabelle gehört die Funktionsgleichung $y = \frac{1}{2}x - 2$.

6 a) $y = 2x$ b) $y = x - 3$
c) $y = 2x - 1$ d) $y = 2x + 3$

7 a) (3; 2) b) (7; −2)
c) (−2; 7) d) (1; 4)
e) (8; −3) f) (5,5; −0,5)

8 $y = \frac{1}{x}$: violettes Schaubild
$y = 2 \cdot x - 2$: blaue Gerade
$y = x + 3$: rote Gerade
$y = -x - 1$: gelbe Gerade

Seite 76

9 Individuelle Lösungen

10 Man setzt jeweils den x-Wert des Punkts in die Gleichung ein und vergleicht, ob der berechnete Wert mit dem y-Wert des Punkts übereinstimmt.
Punkt A gehört zum Schaubild der Funktionsgleichungen g) und h).
Punkt B gehört zum Schaubild der Funktionsgleichung a).
Punkt C gehört zum Schaubild der Funktionsgleichungen c) und f).
Punkt D gehört zum Schaubild der Funktionsgleichung d).

11 a)

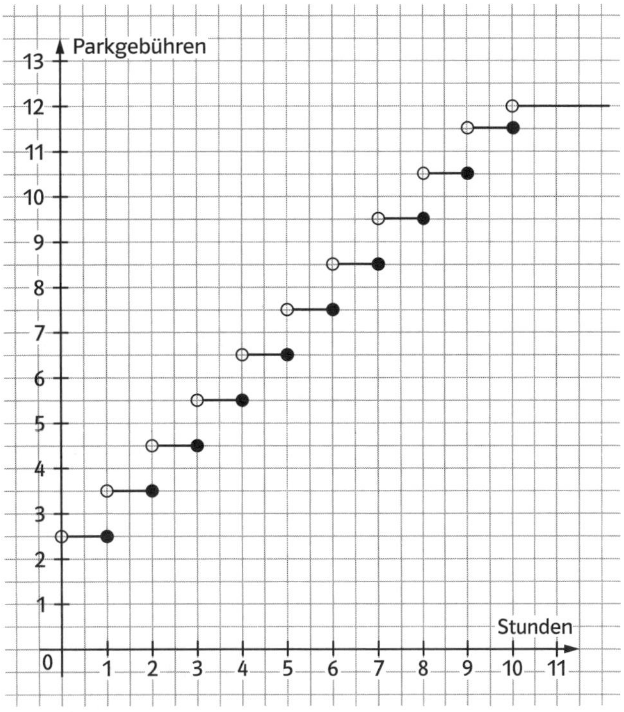

b) Frau Köhler muss 4,50 € bezahlen, Herr Winter 7,50 €.
c) Es ist zwischen 16.45 Uhr und 17.44 Uhr, da sie für acht Stunden bezahlen muss.
d) Das Tageticket lohnt sich ab einer Parkzeit von 11 Stunden, da man für 11 Stunden sonst 12,50 € bezahlen müsste.

12 a) $y = 2x + 3$ b) $y = \frac{1}{2}x - 5$
c) $y = x \cdot (x + 1)$

13 Rotes Schaubild: Jeder Zahl wird das Doppelte vermindert um 1 zugeordnet.
Violettes Schaubild: Jeder Zahl wird ihre Gegenzahl vermindert um 3 zugeordnet.
Blaues Schaubild: Jeder Zahl wird die Hälfte der Zahl vermehrt um 2 zugeordnet.

14 x: Sekunden; y: Meter
in Luft: $y = 340x$
in Wasser: $y = 1450x$
in Stahl: $y = 5050x$

15 a) Geschwindigkeit v in Kilometer pro Stunde und Bremsweg s in Metern:

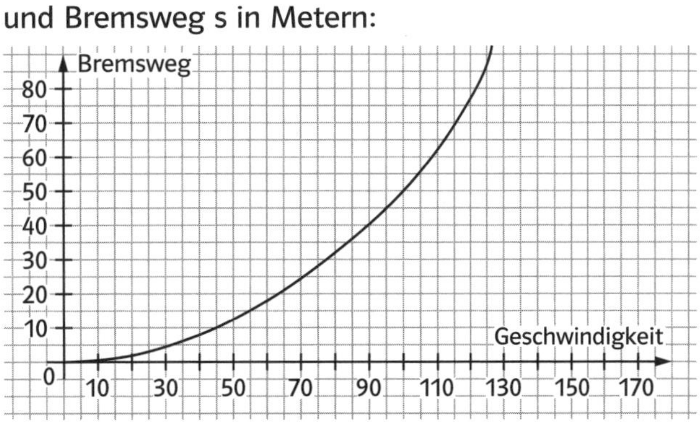

b) Frau Sommer hat bei einer Geschwindigkeit von 140 km/h einen Bremsweg von $s = \frac{1}{2} \cdot \left(\frac{140}{10}\right)^2 = 98\,\text{m}$. Sie kann also noch rechtzeitig bremsen.
c) Herr Pfeifer hat einen Bremsweg von $s = \frac{1}{2} \cdot \left(\frac{40}{10}\right)^2 = 8\,\text{m}$. Er schafft es also gerade vor dem Kind zum Stehen zu kommen.

Seite 77

Funktionen sichtbar machen

Schaubilder erstellen

▪

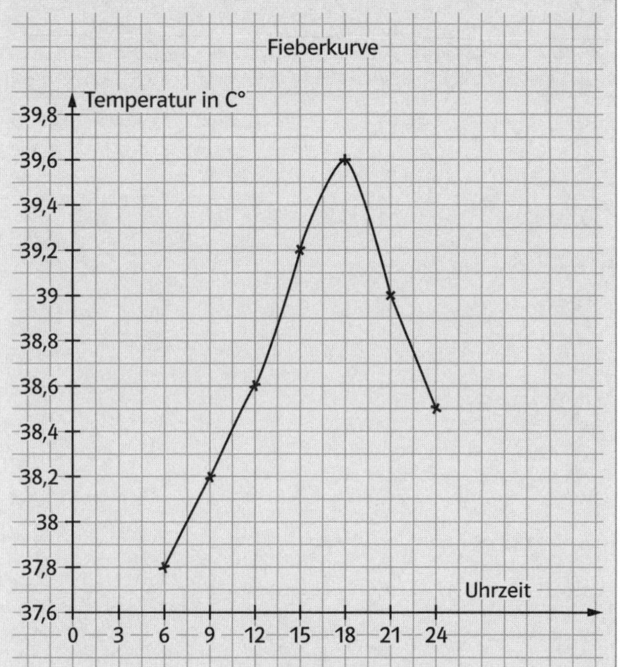

▪

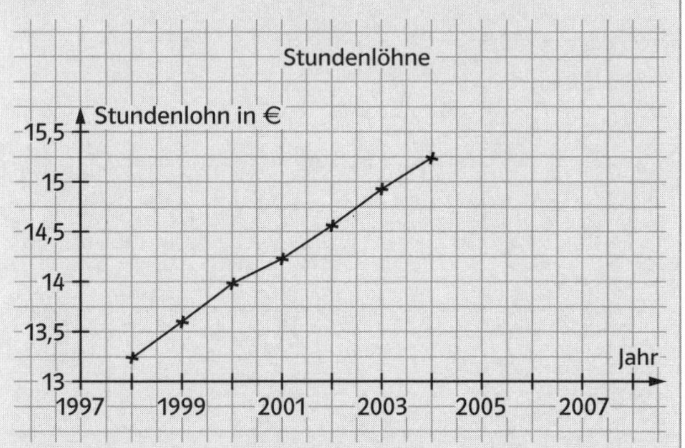

In den sechs Jahren von 1998 bis 2004 ist der Stundenlohn um 2 Euro gestiegen. Bleibt die Entwicklung so, wird der Stundenlohn 2010 bei etwa 17,24 Euro liegen.

Wertetabellen berechnen und Schaubilder erstellen

▪ Die Kerze hat zu Beginn eine Länge von 20 cm. Pro Stunde wird sie um 0,8 cm kürzer.

- Erweitert man die Tabelle, so kann man ablesen, dass die Kerze nach 25 Stunden die Länge 0 hat, also abgebrannt ist.
-

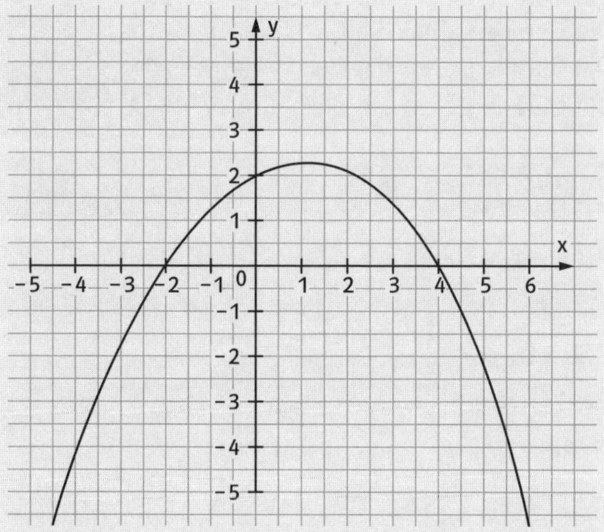

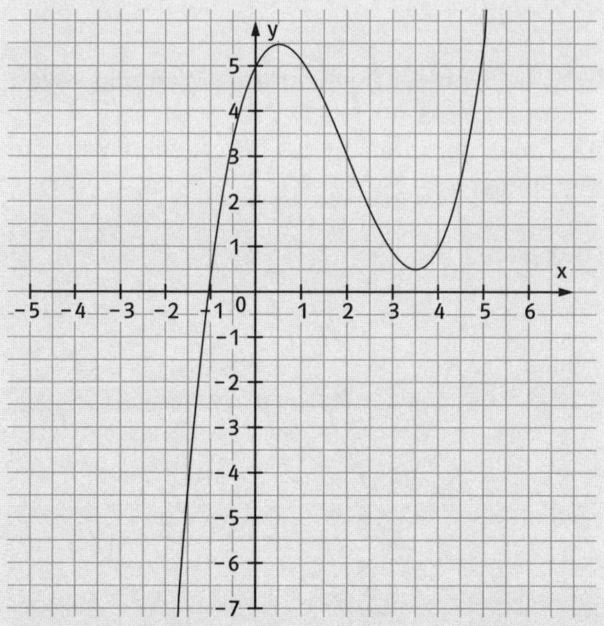

2 Proportionale Funktionen

Seite 78

Einstiegsaufgabe

➔ Eisenbahn: $\frac{40}{1000} = \frac{4}{100} = 4\,\%$

Zahnradbahn: $\frac{280}{1000} = \frac{28}{100} = 28\,\%$

Standseilbahn: $\frac{750}{1000} = \frac{75}{100} = 75\,\%$

Schwebeseilbahn: $\frac{900}{1000} = \frac{90}{100} = 90\,\%$

➔ Die Steigungen aus dem ersten Aufgabenteil geben an, in welchem Verhältnis sich die Höhe der Bahn ändert, wenn sie eine bestimmte Strecke gefahren ist. Multipliziert man die gefahrene horizontale Strecke s mit der Steigung, erhält man die zugehörige Höhe h.

Eisenbahn: $h = \frac{4}{100} \cdot s$

Zahnradbahn: $h = \frac{28}{100} \cdot s$

Standseilbahn: $h = \frac{75}{100} \cdot s$

Schwebeseilbahn: $h = \frac{90}{100} \cdot s$

Seite 79

1 a) Das Schaubild der Funktion verläuft vom Ursprung nach rechts oben. Erhöht man den x-Wert um 2, so vergrößert sich der y-Wert um 4, das bedeutet, erhöht man den x-Wert um 1, so vergrößert sich der y-Wert um 2.
b) Das Schaubild der Funktion verläuft vom Ursprung nach rechts oben. Erhöht man den x-Wert um 6, so vergrößert sich der y-Wert um 1, das bedeutet, erhöht man den x-Wert um 1, so vergrößert sich der y-Wert um $\frac{1}{6}$.
c) Das Schaubild der Funktion verläuft vom Ursprung nach rechts oben. Erhöht man den x-Wert um 1, so vergrößert sich der y-Wert um 1.
d) Das Schaubild der Funktion verläuft vom Ursprung nach links oben. Erhöht man den x-Wert um 3, so vermindert sich der y-Wert um 2, das bedeutet, erhöht man den x-Wert um 1, so vermindert sich der y-Wert um $\frac{2}{3}$.
e) Das Schaubild der Funktion verläuft vom Ursprung nach links oben. Erhöht man den x-Wert um 1, so vermindert sich der y-Wert um 5.
f) Das Schaubild der Funktion verläuft vom Ursprung nach links oben. Erhöht man den x-Wert um 8, so vermindert sich der y-Wert um 2, das bedeutet, erhöht man den x-Wert um 1, so vermindert sich der y-Wert um $\frac{2}{8} = \frac{1}{4}$.

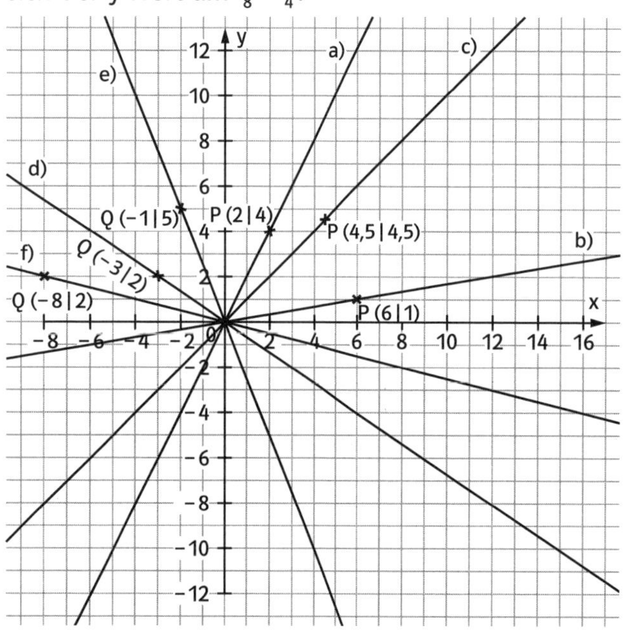

2 a)

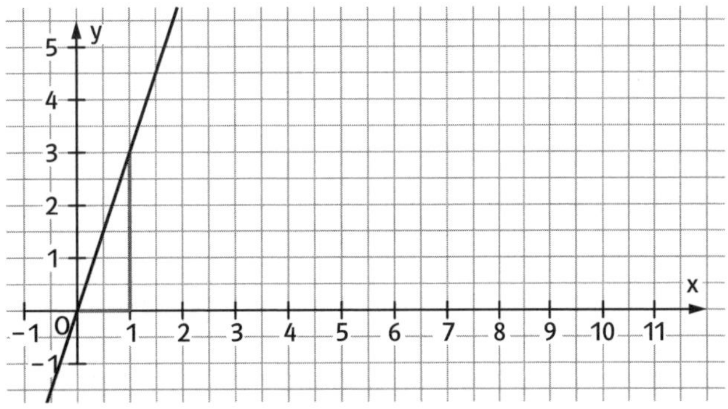

b) Die Ursprungsgerade verläuft durch den Punkt (1 | −2).
c) Die Ursprungsgerade verläuft durch den Punkt (3 | −6).
d) Die Ursprungsgerade verläuft durch den Punkt (−1 | −4).

3 a) Die Gerade verläuft durch den 1. und 3. Quadranten. Sie ist flacher als die Gerade $y = x$.
b) Die Gerade verläuft durch den 2. und 4. Quadranten. Sie ist flacher als die Gerade $y = -x$.
c) Die Gerade verläuft durch den 2. und 4. Quadranten. Sie ist steiler als die Gerade $y = -x$.
d) Die Gerade verläuft durch den 1. und 3. Quadranten. Sie ist steiler als die Gerade $y = x$.

4 a)

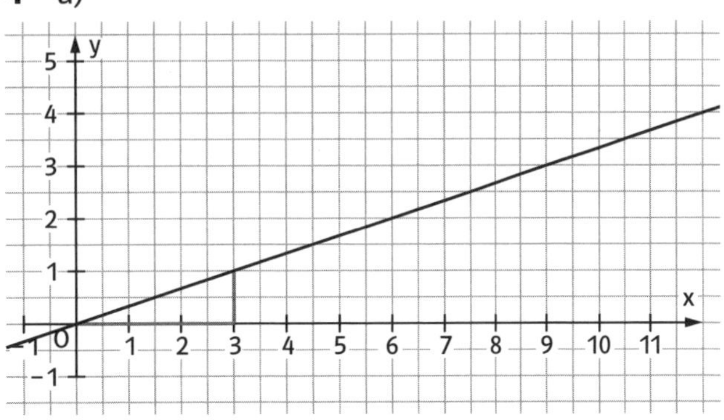

b) Die Ursprungsgerade verläuft durch (7 | 3).
c) Die Ursprungsgerade verläuft durch (3 | 4).
d) Die Ursprungsgerade verläuft durch (−5 | 4).
e) Die Ursprungsgerade verläuft durch (−5 | 1).
f) Die Ursprungsgerade verläuft durch (−2 | 7).

5 Die Gerade g_1 hat die Gleichung 6: $y = \frac{1}{4}x$.
Die Gerade g_2 hat die Gleichung 4: $y = \frac{1}{2}x$.
Die Gerade g_3 hat die Gleichung 1: $y = 2x$.
Die Gerade g_4 hat die Gleichung 7: $y = -3x$.
Die Gerade g_5 hat die Gleichung 8: $y = -\frac{3}{4}x$.

6 Die Gerade g_1 hat die Gleichung $y = \frac{1}{3}x$.
Die Gerade g_2 hat die Gleichung $y = \frac{3}{7}x$.
Die Gerade g_3 hat die Gleichung $y = \frac{5}{6}x$.
Die Gerade g_4 hat die Gleichung $y = 2x$.
Die Gerade g_5 hat die Gleichung $y = -5x$.
Die Gerade g_6 hat die Gleichung $y = -1x$.
Die Gerade g_7 hat die Gleichung $y = -\frac{2}{5}x$.

7 a) P(6 | 3): $y = \frac{1}{2}x$
P(3 | 6): $y = 2x$
P(6 | −3): $y = -\frac{1}{2}x$
b) P(2 | 1): $y = \frac{1}{2}x$
P(2 | −1): $y = -\frac{1}{2}x$
P(−2 | −1): $y = \frac{1}{2}x$
c) P(−2 | 4): $y = -2x$
P(4 | −2): $y = -\frac{1}{2}x$
P(−2 | −4): $y = 2x$.

8 a) Ja, denn der Quotient aus y-Wert und x-Wert beträgt immer 3.
b) Ja, denn der Quotient aus y-Wert und x-Wert beträgt immer $\frac{1}{2}$.

Randspalte

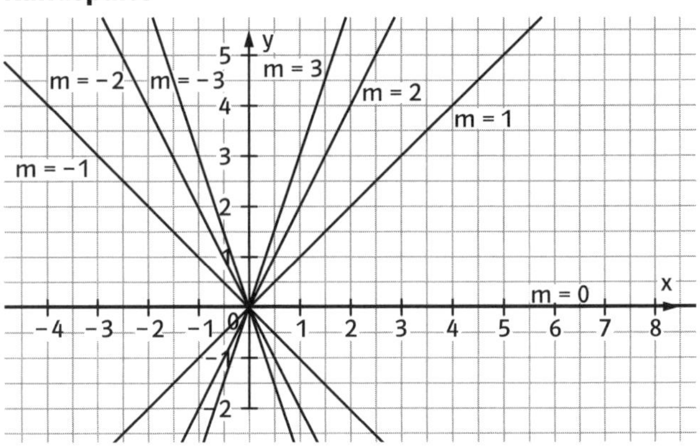

Ändert man das Vorzeichen der Steigung m, so erhält man die an der y-Achse gespiegelte Gerade.

Seite 80

9 a) $y = \frac{7}{2}x = 3{,}5x$
b) $y = \frac{7{,}5}{5}x = \frac{3}{2}x$
c) $y = \frac{2{,}8}{8{,}4}x = \frac{1}{3}x$
Um die Steigung der Funktionsgleichung zu bestimmen, muss man den Quotienten aus dem y- und dem x-Wert des Punkts bilden. Durch Kürzen kann man den Wert der Steigung manchmal vereinfachen.

10 a) g_1: $y = \frac{1}{2}x$. Weitere Gitterpunkte sind zum Beispiel (1; 0,5), (3; 1,5), (5; 2,5).
b) $y = x$ verläuft durch die Punkte A, H, O und V.
c) $y = x$
d) Gerade durch C und L: $y = \frac{1}{3}x$
Gerade durch I und X: $y = \frac{2}{3}x$
Gerade durch G und T: $y = 2x$

Randspalte
100 % Gefälle bedeutet, dass die Piste auf einem Zentimeter um einen Zentimeter fällt, sie fällt aber nur um etwa 0,6 Zentimeter und hat somit ein Gefälle von 60 %.

11 Der Graph, der flacher verläuft, gehört zu dem Gefäß mit rechteckiger Grundfläche, denn das Gefäß ändert seine Füllhöhe langsamer. Der Graph hat die Funktionsgleichung: $y = \frac{4}{50}x = \frac{2}{25}x$. Der Graph des anderen Gefäßes hat die Funktionsgleichung $y = \frac{4}{25}x$. Die Steigung des Graphen des quadratischen Gefäßes ist doppelt so groß wie die des rechteckigen. Die Füllhöhe steigt doppelt so schnell, also muss die quadratische Grundfläche halb so groß sein wie die rechteckige.

12 a) $y = 5x > y = \frac{4}{3}x > y = 1{,}2x > y = x > y = \frac{1}{3}x > y = 0{,}2x$
b) $y = -0{,}5x < y = -\frac{2}{3}x < y = -x < y = -\frac{5}{4}x < y = -2{,}5x < y = -3x$

13 a) y_1 ist steiler als y_2. b) y_2 ist steiler als y_1.
c) y_1 ist steiler als y_2. d) y_1 ist steiler als y_2.
e) y_2 ist steiler als y_1.

14 A liegt auf $y = 1{,}5x$
B liegt auf $y = \frac{1}{2}x$
C liegt auf $y = 0{,}1x$
D liegt auf $y = -2x$
E liegt auf $y = -x$
F liegt auf $y = \frac{2}{3}x$.

15 Bestimme vom gegebenen Punkt den Quotienten des y- und x-Wertes. Bestimme die fehlende Koordinate des zweiten Punkts so, dass dieser Punkt den gleichen Quotienten besitzt.
a) T(−4 | 6)
b) T(1 | 2)
c) T(1,5 | −0,5)
d) T(6 | −1,5)
e) T(1,5 | 4)
f) T(10,5 | 4,5)

16 Bestimme vom gegebenen Punkt den Quotienten des y- und x-Wertes. Bestimme die fehlende Koordinate des zweiten Punkts so, dass dieser Punkt den gleichen Quotienten besitzt.
a) B(6 | 9)
b) D(2,5 | 1,5)
c) F(1,5 | 13,5)
d) G(5 | 7,5)
e) K(−6 | 7,5)
f) L(6 | −10)

3 Lineare Funktionen

Seite 81

Einstiegsaufgabe

➔

Entfernung in km	0	1	2	3	4	5
Preis in €	2,50	4,00	5,50	7,00	8,50	10,00

➔ Weil man zusätzlich zum Fahrpreis immer einen festen Zuschlag von 2,50 Euro bezahlen muss.

Seite 82

1 Kraftstoffmenge – Kraftstoffpreis: proportionale Funktion, da der Quotient immer gleich ist.
Wärmezufuhr – Wassertemperatur: lineare Funktion, da Wasser schon eine bestimmte Temperatur hat, bevor man es erhitzt (x = 0).
Bahnkilometer – Fahrpreis: proportionale Funktion, da der Quotient immer gleich ist, das bedeutet, der Fahrpreis nimmt pro Kilometer immer um denselben Betrag zu.
Länge einer Kerze – Brenndauer: lineare Funktion, denn die Kerze hat zu Beginn (x = 0) eine bestimmte Länge.
Arbeitsstunden – Handwerkerrechnung: proportionale Funktion, wenn der Handwerker nur seine Arbeitsstunden abrechnet oder lineare Funktion, wenn der Handwerker eine Pauschale für seine Anfahrt in Rechnung stellt.

2 Die Gerade g_1 hat die Gleichung $y = 2x + 1$.
Die Gerade g_2 hat die Gleichung $y = x + 1$.
Die Gerade g_3 hat die Gleichung $y = \frac{1}{2}x - 1$.
Die Gerade g_4 hat die Gleichung $y = -x - 1$.
Die Gerade g_5 hat die Gleichung $y = -\frac{1}{2}x + 1$.
Die Gerade g_6 hat die Gleichung $y = -2x + 2$.

3 a) (0 | 1); (2 | 5) b) (0 | −1); (2 | 3)
c) (0 | 1); (2 | −3) d) (0 | −1); (2 | −5)

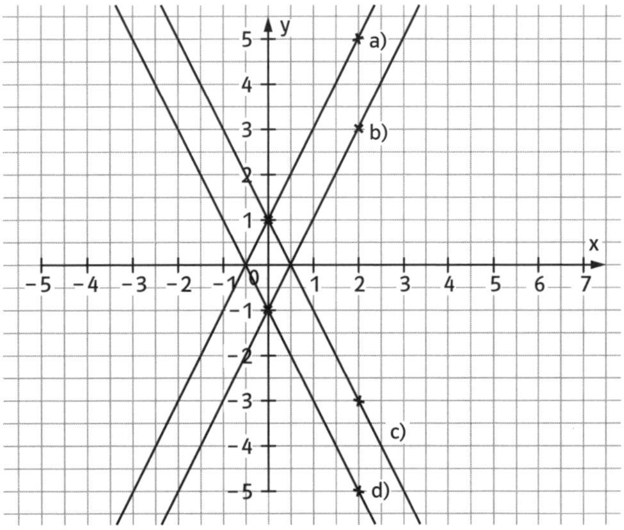

e) $(0\,|-1)$; $(2\,|-0{,}5)$
f) $(0\,|\,2)$; $(2\,|\,3\frac{1}{3})$
g) $(0\,|\,2{,}5)$; $(2\,|\,4)$
h) $(0\,|-3{,}5)$; $(2\,|-1{,}9)$

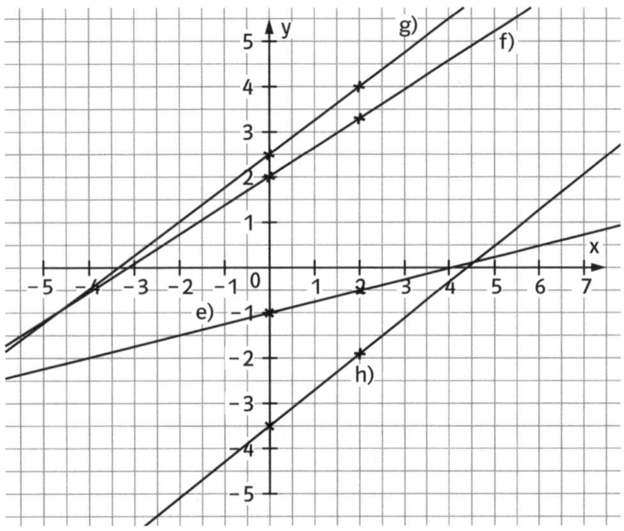

4

Gerade	Funktionsgleichung	y-Wert für x = 1,5	y-Wert für x = 3
g_1	$y = \frac{2}{3}x - 2$	−1	0
g_2	$y = \frac{2}{3}x - 1$	0	1
g_3	$y = \frac{2}{3}x$	1	2
g_4	$y = \frac{2}{3}x + 1$	2	3
g_5	$y = \frac{2}{3}x + 2$	3	4
g_6	$y = \frac{2}{3}x + 3$	4	5

Die Geradengleichungen unterscheiden sich lediglich im Wert für den y-Achsenabschnitt b. Vergleicht man y-Werte zu einem bestimmten x-Wert, so sieht man, dass sie sich um denselben Wert wie ihre y-Achsenabschnitte b unterscheiden.

5 Die Gerade g_1 hat die Gleichung $y = \frac{1}{2}x + 1$.
Die Gerade g_2 hat die Gleichung $y = x + 1$.
Die Gerade g_3 hat die Gleichung $y = 2x + 1$.
Die Gerade g_4 hat die Gleichung $y = -3x + 1$.
Die Gerade g_5 hat die Gleichung $y = -x + 1$.
Alle Geraden haben denselben Wert für b.

Seite 83

6 a) $y = \frac{3}{2}x - 1$
b) zum Beispiel:

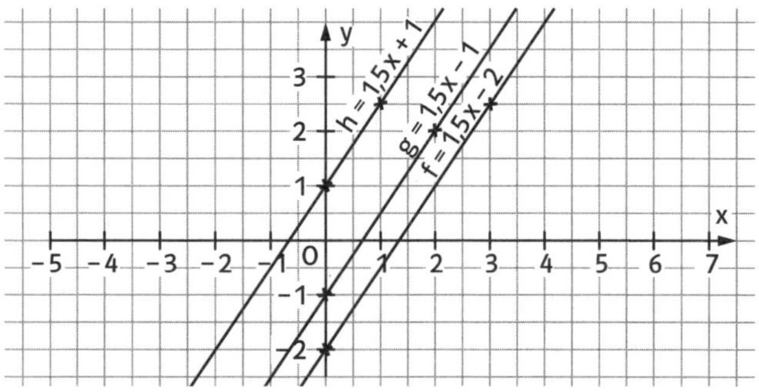

c) zum Beispiel:

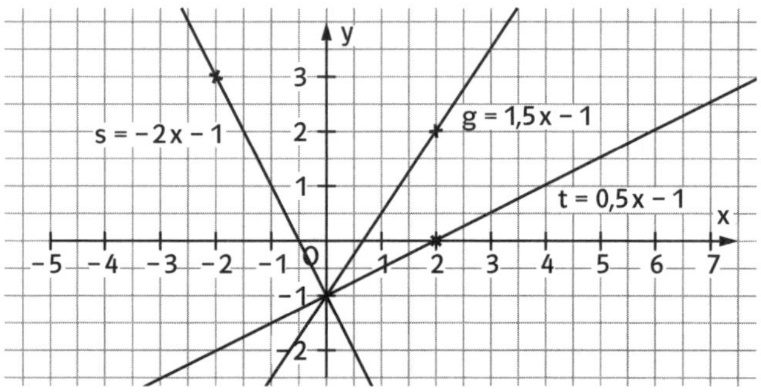

7 Um die Steigung m zu berechnen, setzt man b und den x- und y-Wert des angegebenen Punkts in die Gleichung $y = mx + b$ ein und löst nach m auf.
a) $y = \frac{1}{3}x + 1$
b) $y = x + 2$
c) $y = -2x + 1$
d) $y = -\frac{3}{2}x - 3$

8 Die Gerade g_1 hat die Gleichung $y = \frac{1}{2}x + 1{,}5$.
Die Gerade g_2 hat die Gleichung $y = -\frac{3}{2}x - 1{,}5$.
Die Gerade g_3 hat die Gleichung $y = -x - 2{,}5$.
Die Gerade g_4 hat die Gleichung $y = \frac{1}{3}x - 1$.

9 Aus dem Punkt P liest man direkt den Achsenabschnitt b ab. Um die Steigung m zu berechnen, setzt man b und den x- und y-Wert des angegebenen Punkts in die Gleichung $y = mx + b$ ein und löst nach m auf.
a) $y = x + 1$
b) $y = 3x + 1$
c) $y = -4x + 2$
d) $y = 6x - 3$
e) $y = -\frac{1}{2}x + 2$
f) $y = 2x + 2$

10 Parallel bedeutet, dass die neue Funktionsgleichung dieselbe Steigung hat wie die angegebene. Um den y-Achsenabschnitt b zu berechnen, setzt man diese Steigung und den x- und y- Wert des angegebenen Punkts in die Gleichung $y = mx + b$ ein und löst nach b auf.
a) $y = 1{,}5x + 3$ b) $y = -0{,}5x - 4$ c) $y = \frac{3}{4}x + 3$

Lebende Geraden

- Alle Schülerinnen und Schüler müssen vier Einheiten nach oben (in Richtung der y-Achse) gehen, um die Gerade $y = x + 3$ darzustellen. Alle Schülerinnen und Schüler müssen drei Einheiten nach unten (in Richtung der y-Achse gehen), um die Gerade $y = x - 4$ darzustellen.
- Um die Gerade $y = 2x - 1$ darzustellen, müssen alle Schülerinnen und Schüler um den Schüler der am Punkt (0 | −1) steht gegen den Uhrzeigersinn rotieren bis ein Schüler oder eine Schülerin auf dem Punkt (1 | 1) steht. Um die Gerade $y = 0{,}5x - 1$ darzustellen, müssen alle Schülerinnen und Schüler um den Schüler der am Punkt (0 | −1) steht im Uhrzeigersinn rotieren bis ein Schüler oder eine Schülerin auf dem Punkt (2 | 0) steht.
- Alle müssen eine Einheit unterhalb der x-Achse stehen.

Seite 84

11 Parallel sind die Geraden 3 und 6, die Geraden 4 und 8 und die Geraden 1 und 5.
Durch denselben Punkt der y-Achse gehen die Geraden 1, 2 und 7, die Geraden 3 und 8, die Geraden 5 und 6 und die Geraden 4 und 9.

12 a) $y = -\frac{6}{5}x + 6{,}8$ b) $y = 3x + 8$
c) $y = \frac{1}{2}x - 4$ d) $y = \frac{1}{3}x - 2$
e) $y = -\frac{3}{4}x - 3$ f) $y = -\frac{4}{5}x + 1{,}5$

13 Mögliche Gleichungen sind
a) $y = 0{,}5x + 2$ oder $y = 3x + 0{,}75$. Die Geraden müssen eine positive Steigung m und einen positiven y-Achsenabschnitt b haben.
b) $y = -5x + 2$ oder $y = -0{,}3x + 2{,}5$. Die Geraden müssen eine negative Steigung m und einen positiven y-Achsenabschnitt b haben.
c) $y = -2{,}5x$ oder $y = -0{,}8x$. Die Geraden müssen Ursprungsgeraden mit einer negativen Steigung m sein.
d) $y = -2x - 1{,}5$ oder $y = -0{,}4x - 1$. Die Geraden müssen eine negative Steigung m und einen negativen y-Achsenabschnitt b haben.

14 Die Gerade durchläuft nicht den Quadranten
a) 4 b) 1
c) 2 d) 3
e) 2 f) 3

15 a) $y = \frac{1}{2}x + 1$
Um die Geraden zu finden, kann man ein Lineal zur Hilfe nehmen und es verschieben, bis man eine der gesuchten Geraden gefunden hat.
b) Die Geraden $y = x + 2$ oder $y = x - 2$ oder $y = -x + 4$ gehen durch jeweils drei der markierten Punkte. $y = x + 1$ oder $y = -x + 5$ gehen jeweils durch vier der markierten Punkte.
c) $y = 1$ oder $y = 2$ oder $y = 3$ oder $y = 4$ oder $y = 5$
d) zum Beispiel $y = 2{,}5x + 1$

Zwei Punkte sind genug

- g: $m = 2$; h: $m = -1{,}5$; i: $m = \frac{2}{3}$; j: $m = -\frac{4}{7}$
- Für die Gerade g beträgt die Steigung $m = \frac{12}{5}$, für die Gerade h ist $m = -\frac{12}{5}$. Die beiden Geraden haben denselben y-Achsenabschnitt. Spiegelt man die Gerade g an der y-Achse, so erhält man die Gerade h.
- Ja, die Gerade, auf der alle drei Punkte liegen, hat die Gleichung $y = 0{,}5x - 2$.
- Nein, denn die Gerade g hat die Steigung $m = 0{,}5$, die Gerade h hat die Steigung $m = 0{,}45$.

Seite 85

Zu schwer oder zu klein

-

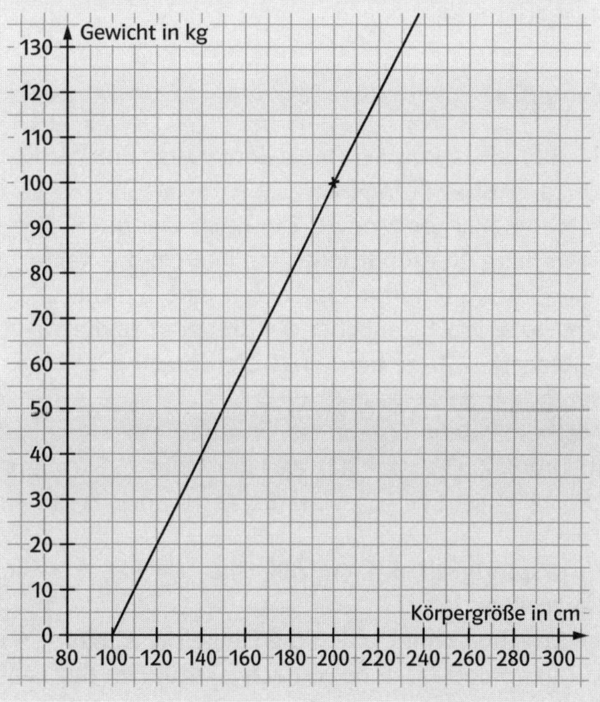

- Ein 1,90 m großer Mann sollte etwa 81 kg wiegen, ein 85 kg schwerer Mann sollte etwa 194 cm groß sein. Um die Größe für einen 150 kg schweren Mann zu bestimmen, setzt man 150 für y in die Formel ein und löst nach x auf. Man berechnet, dass der Mann 267 cm groß sein müsste.
- Man kann am Schaubild sehen, dass die Gerade für eine Größe von weniger als 100 cm negative Werte für das Gewicht ergibt. Man kann also keinen sinnvollen (positiven) Wert bestimmen.
- Sie ist mindestens 1,95 m groß. Der Mann wiegt über 81 kg.
- Der BMI beträgt:
Jörg Ritzerfeld: 18,9
Georg Späth: 19,6
Janne Ahonen: 19,7
Sigurd Pettersen: 18,5
- Der BMI beträgt:
Yokozuna Akebono: 57,3
Shaquille O'Neal: 30,6

4 Modellieren mit Funktionen

Seite 86

Einstiegsaufgabe

➔ Lara benötigt noch 1000 €. Bei 9 € Stundenlohn muss sie 112 Stunden arbeiten. Da sie täglich 8 Stunden arbeitet, benötigt sie 14 Tage. Arbeitet sie 5 Tage in der Woche, hat sie nach drei Arbeitswochen das Geld für den Roller zusammen.

➔ Geht sie 7 Stunden arbeiten, hat sie das Geld nach 16 Arbeitstagen zusammen. Das sind 3 Wochen und 1 Tag.

Seite 87

1 Realsituation: Wie viele Zentimeter brennt die Kerze in einer Stunde ab?
Mathematisches Modell: Die Kerze war um 9 Uhr 14 cm lang. In drei Stunden sind 4,5 cm der Kerze abgebrannt. Lösungsansatz über eine Gleichung. Die Variable x bezeichnet die Brenndauer, die Variable y die Länge der Kerze. Die Uhrzeit 9:00 Uhr setzt man als Zeitpunkt $x = 0$.
Mathematische Ergebnisse: $y = 14 - 1{,}5x$
a) Um 8:00 Uhr $(x = -1)$ war die Kerze 15,5 cm lang. Um 17:00 Uhr $(x = 8)$ wird die Kerze noch 2 cm lang sein.
b) Ursprünglich, d.h. um 7:00 Uhr $(x = -2)$, war die Kerze 17 cm lang.
c) Man berechnet, wann die Länge der Kerze $y = 0$ cm beträgt. Dies ist nach $9\frac{1}{3}$ Stunden der Fall. In der Realität wird die Kerze jedoch nicht völlig abbrennen, weil der Docht in das geschmolzene Wachs fällt oder der Docht nicht bis ganz zum Ende reicht. Die Kerze wird deshalb eher nach 9 Stunden, also um 18:00 Uhr verlöschen.
d) Man geht genauso vor wie bei den obigen Überlegungen.
Realsituation: Wie lang war die Kerze zu Beginn und nach welcher Zeit ist sie abgebrannt?
Mathematisches Modell: Da die Kerze doppelt so schnell abbrennt, d.h. 3 cm pro Stunde, lautet die zugehörige Funktionsgleichung $y = -3 \cdot x + b$. Setzt man die gegebenen Werte ein (nach 3 Stunden noch 10 cm), erhält man $b = 19$. Die Kerze war also am Anfang 19 cm lang. Setzt man $y = 0$, erhält man $x = 6\frac{1}{3}$.
Reale Ergebnisse: Die Kerze ist dann nach $6\frac{1}{3}$ Stunden abgebrannt, also um 13:20 Uhr. Auch hier wird sie aber etwas vorher erlöschen (s. Teilaufgabe c)).

2 a) Realsituation: Wie hoch müssen die Kosten für eine Minute sein, falls die Grundgebühr entfallen soll und die Telefongesellschaft die gleichen Einnahmen haben möchte?
Mathematisches Modell: Wird an 30 Tagen durchschnittlich 30 Minuten telefoniert, betragen die bisherigen Einnahmen: Grundgebühr + Gesprächskosten: $19{,}95\,€ + 30 \cdot 30 \cdot 0{,}09\,€ = 100{,}95\,€$.
Mathematische Ergebnisse: $100{,}95 = 30 \cdot 30 \cdot x$
$x = 0{,}112$ (gerundet)
Reales Ergebnis: Die Telefongesellschaft wird 12 Cent pro Minute berechnen müssen, um genauso viel Geld einzunehmen.
b) Erhöht sich die Gesprächsdauer um 50 %, wird pro Tag im Schnitt 45 Minuten telefoniert. Damit erhält man mit dem alten Tarif:
$19{,}95\,€ + 45 \cdot 30 \cdot 0{,}09\,€ = 141{,}45\,€$.
Die Telefongesellschaft muss also jetzt den Preis pro Minute auf $x = \frac{141{,}45}{45 \cdot 30} = 0{,}104\,€$, also 11 ct, erhöhen, um den gleichen Gewinn zu machen wie vor der Tarifänderung.

3 Realsituation: Welches der beiden Angebote ist günstiger?
Mathematisches Modell: Bei Meisterfoto bezahlen die Schwans pro Foto (je nach Größe) 15 ct, 17 ct oder 30 ct, bei Fotoservice bezahlen sie 15 ct, 22 ct oder 33 ct.
Die Variable y bezeichnet den Preis für x Fotos bei einem Preis von 15 ct (bzw. 17 ct oder 22 ct oder 33 ct).
$y = x \cdot 0{,}15\,€$ (bzw. $y = x \cdot 0{,}17\,€$ usw.)
Mathematische Ergebnisse:
Es ergeben sich für 80 Fotos für die verschiedenen Angebote folgende Werte:
Format 9 × 13 cm:
$y = 80 \cdot 0{,}15\,€ = 12{,}00\,€$ (bei beiden Anbietern)

Format 10 × 15 cm:
y = 80 · 0,17 € = 13,60 € bzw. y = 80 · 0,22 € = 17,60 €
Format 13 × 18 cm:
y = 80 · 0,30 € = 24,00 € bzw. y = 80 · 0,33 € = 26,40 €
Wählen die Schwans das kleinste Format, ist es egal, zu welchem Anbieter sie gehen. Für die beiden größeren Bildformate sollten sie die Fotos bei Meisterfoto bestellen.
Wird es für die Schwans günstiger, wenn sie einige Fotos doppelt bestellen und dafür dann bei Meisterfoto den Rabattpreis für eine Stückzahl ab 100 Fotos zahlen?
Format 9 × 13 cm: y = 100 · 0,09 € = 9,00 €
Format 10 × 15 cm: y = 100 · 0,12 € = 12,00 €
Format 13 × 18 cm: y = 100 · 0,19 € = 19,00 €
Reales Ergebnis: Familie Schwan sollte auf jeden Fall bei Meisterfoto ihre Bilder bestellen. Sie sollten einige Bilder doppelt bestellen und damit auf insgesamt 100 Bilder kommen, dann zahlen sie bei allen Formaten immer den geringsten Preis.

4 a) Anna hat Recht. 10 Stunden kosten 10 · 3,00 € = 30,00 €, 9 Stunden kosten 9 · 3,60 € = 32,40 €. Ein Telefonat über 50 Stunden kostet 50 · 2,40 € = 120,00 €, ein Telefonat über 45 Stunden 45 · 3,00 € = 135,00 €. Ein Telefonat über 45 Stunden ist teurer.
b)

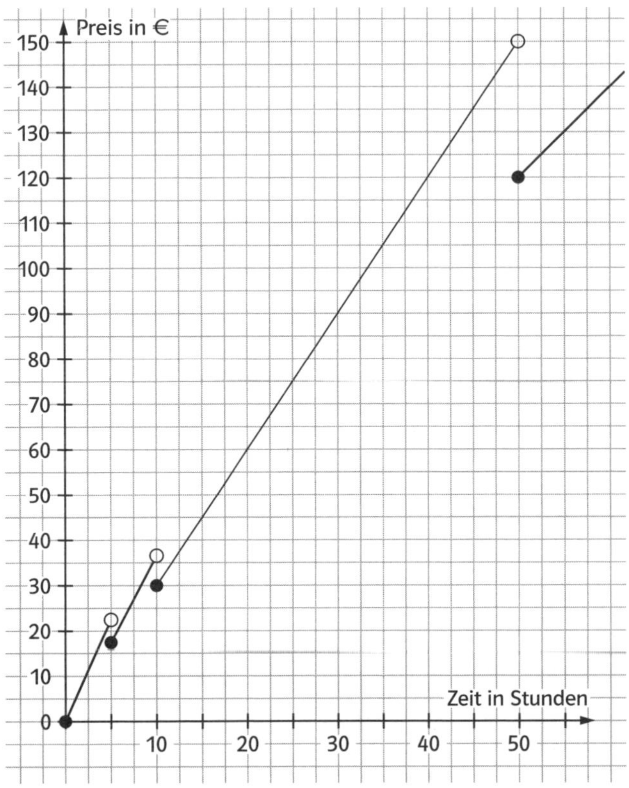

Seite 88

5 a) Tina muss für die 2 · 6 = 12 Fahrten 540 € bezahlen, wenn sie keine BahnCard besitzt.
Eine BahnCard lohnt sich, wenn reduzierter Fahrpreis: Preis der BahnCard < Normalpreis.
Das heißt: Damit sich eine BahnCard lohnt, muss der Betrag, den man mit ihr bei den gesamten Fahrten spart, mindestens dem Preis der BahnCard entsprechen.
Mit der BahnCard 25 spart Tina 0,25 · 540 € = 135 €. Sie muss allerdings für die Karte 50 € zahlen. Damit kosten die Fahrten: 540 € − 135 € + 50 € = 455 €.
Mit der BahnCard 50 muss Tina noch folgenden Preis zahlen: 540 € : 2 + 200 € = 470 €.
Mit der BahnCard 100 zahlt Tina zwar für die Fahrten nichts, muss jedoch pro Jahr 3250 € zahlen.
Damit würde sich für Tina die BahnCard 25 am ehesten lohnen.
b) Noah muss für die 12 Fahrten 792 € bezahlen, wenn er keine BahnCard besitzt.
Die BahnCard 100 lohnt sich nicht, da die Fahrtkosten nicht über dem Jahrespreis dieser Card liegen.
Mit der BahnCard 25 muss Noah noch 792 € − 198 € + 50 € = 644 € im Jahr zahlen.
Mit der BahnCard 50 liegt der Preis für die Fahrten im Jahr bei 792 € : 2 + 200 € = 590 €.
Damit sollte sich Noah die BahnCard 50 kaufen.
c) Herr Schmid muss für die 72 Fahrten im Jahr 6840 € zahlen, wenn er keine BahnCard besitzt.
Mit der BahnCard 25 kosten die Fahrten pro Jahr nur noch 6840 € − 1710 € + 50 € = 5180 €.
Die BahnCard 50 bringt eine Vergünstigung von 3420 €. Damit muss Herr Schmid nur noch 3420 € + 200 € = 3620 € zahlen.
Für die BahnCard 100 muss Herr Schmid zwar 3250 € im Jahr zahlen, hat dafür aber keine Fahrtkosten.
Damit ist die BahnCard 100 für Herrn Schmid die günstigste Variante.

6 a) Der Monatstarif lohnt sich, wenn 7 · Tagesmiete < Monatsmiete + Preis für die gefahrenen Kilometer.
Frau Specht bezahlt mit der Tagespauschale für 7 Tage 7 · 69 € = 483 €.
Die Monatsmiete beträgt 399 €. Die Differenz der Angebote ist 483 € − 399 € = 84 €.
Bei einem Kilometerpreis von 0,03 € kann Frau Specht 84 : 0,03 = 2800 km fahren.
Die Tagesmiete lohnt sich bei 7 Tagen nur, wenn sie in dieser Zeit mehr als 2800 km fährt.

b) Die Überlegungen sind die gleichen wie im in Teilaufgabe a)
Herr Seidel bezahlt mit der Tagespauschale
21 · 69 € = 1449 €.
Die Monatsmiete beträgt 399 €. Die Differenz der Angebote ist 1449 € − 399 € = 1050 €.
Bei einem Kilometerpreis von 0,03 € kann Herr Seidel 1050 : 0,03 = 35 000 km fahren.
Auch wenn Herr Seidel viel unterwegs ist, wird er in drei Wochen vermutlich keine 35 000 km fahren. Für ihn lohnt sich also die Monatsmiete.

7 a) In fünf Jahren haben die Besucherzahlen um 1 070 000 − 840 000 = 230 000 Besucher zugenommen. Das sind pro Jahr etwa 46 000 Besucher mehr.
Im Jahr 2006 sind also 1 070 000 + 46 000 = 1 116 000, im Jahr 2007 sind 1 116 000 + 46 000 = 1 162 000 Besucher und im Jahr 2008 sind 1 162 000 + 46 000 = 1 208 000 Besucher zu erwarten.
b) Statt 46 000 Besucher pro Jahr mehr sind dann 92 000 Besucher mehr zu erwarten. Im Jahr 2009 kann man demnach mit 1 208 000 + 92 000 = 1 300 000 Besuchern zu rechnen.

Taxitarife

▪ Der Preis für die Nachmittagsfahrt beträgt Grundtarif + 12 · Arbeitstarif + $\frac{10}{60}$ · Zeittarif, also
2,40 € + 12 · 1,50 € + $\frac{1}{6}$ · 30 € = 25,40 €.
Der Preis für die Nachtfahrt beträgt Grundtarif + 12 · Arbeitstarif + $\frac{2}{60}$ · Zeittarif, also
2,40 € + 12 · 1,70 € + $\frac{1}{30}$ · 30 € = 23,80 €. Frau Berg zahlt insgesamt 49,20 €. Die Nachtfahrt ist 1,60 € günstiger. Das sind $\frac{1{,}60\,€}{25{,}40\,€}$ · 100 = 6,3 %. Die Nachtfahrt ist 6,3 % billiger.
▪ Die Fahrt berechnet sich durch Grundtarif + km · Arbeitstarif + Zeittarif, also
2,40 € + x · 1,50 € + 9 € = 36,90 €, x = 17 km. Die Wartezeit betrug 30 € · $\frac{x}{60}$ = 9 €, x = 18 Minuten.
Nach 22 Uhr kostet die Fahrt 2,40 € + 17 · 1,70 € + 4,50 € = 35,80 €.
▪ 2,40 € + x · 1,90 € + $\frac{z}{60}$ · 30 € = p, dabei ist x die Kilometerzahl (in km), z die Wartezeit (in Minuten) und p der Preis.
Problematisch ist, dass in der Funktionsgleichung weder die Kilometerzahl noch die Wartezeit festgelegt sind. Man hat also zwei Variablen.

Seite 89

Ausgleichsgeraden

▪ Individuelle Lösungen. Fragt eventuell euren Physiklehrer, ob er euch einige Tipps geben kann, wie und wo an eurer Schule ihr die Ausbreitung des Schalls am besten untersuchen könnt.
▪

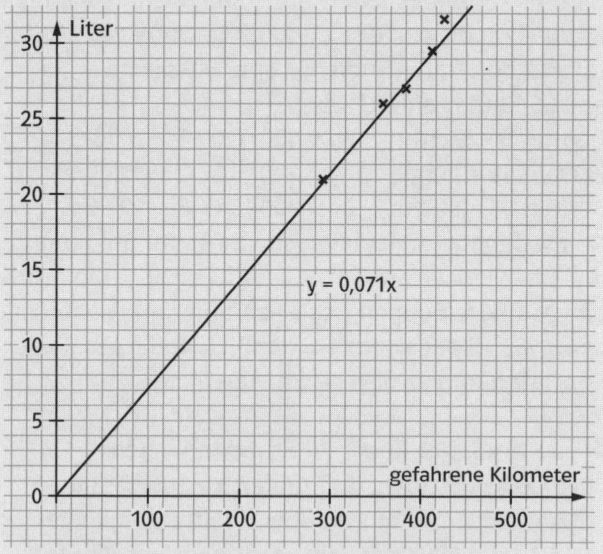

▪ Der durchschnittliche Verbrauch beträgt 7,1 l je 100 km.
▪ Frau Sommer kann voraussichtlich etwa 510 Kilometer fahren.
▪ Mit einem Tabellenkalkulationsprogramm erhält man das Schaubild für den Durchschnittsverbrauch von Frau Sommers Wagen: Die Funktionsgleichung der Ausgleichsgeraden lautet y = 0,0793 · x − 2,8395, dabei x: gefahrene Kilometer, y: verbrauchte Liter Kraftstoff.
Man hätte aber bei dieser Ausgleichsgeraden für 0 gefahrene Kilometer einen Spritverbrauch von −2,8395 l. Damit die Gerade durch den Ursprung verläuft, nimmt man unter „Optionen" die Anpassung „Schnittpunkt = 0" vor.

Üben • Anwenden • Nachdenken

Seite 91

1 Proportional: Benzinmenge – Benzinpreis; Zeit – zurückgelegte Strecke; Zeit – Höhe der Gondel; Strommenge – Strompreis
Linear: Uhrzeit – Luftdruck; gefahrene Kilometer – Taxigebühr
Keine Funktion: Luftdruck – Uhrzeit (Denn einem Wert für den Luftdruck können mehrere Zeiten zugeordnet sein.)

2

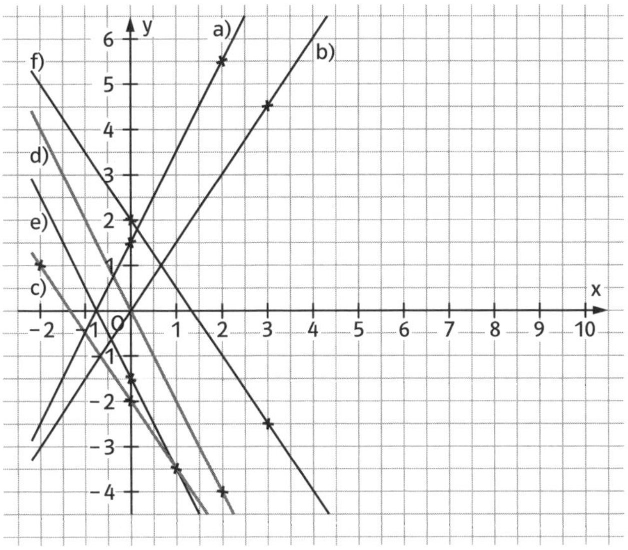

3 a) $y = x + 2$

x	−2	−1	0	1	2	3	4
y	0	1	2	3	4	5	6

b) $y = 2x + 1$

x	1	2	3	4	0	−1	−2
y	3	5	7	9	1	−1	−3

c) $y = x^2 - 2$

x	3	2	1	0	−1	−2	−3
y	7	2	−1	−2	−1	2	7

4

	A(6 | 1)	B(0 | 2,5)	C(1 | 4)	D(10 | 3)
$y = \frac{1}{2}x - 2$	ja	nein	nein	ja
$y = 3 + x^2$	nein	nein	ja	nein
$y = \frac{4}{10 - x}$	ja	nein	nein	nein
$y = \frac{x - 5}{x - 2}$	nein	ja	ja	nein

5 a) Im ersten Quadranten
b) Im zweiten Quadranten
c) Im dritten Quadranten

6 g_1: $y = \frac{1}{4}x + \frac{1}{2}$
g_2: $y = 3x - 1{,}5$
g_3: $y = -\frac{3}{2}x + 2$
g_4: $y = -\frac{1}{2}x - \frac{1}{2}$

7 a) X(4 | 0) und Y(0 | 4)
b) X(10 | 0) und Y(0 | 5)
c) X(−2 | 0) und Y(0 | 3)
d) X(8 | 0) und Y(0 | −2)

8 P3; Q1; R4; S2

9 a) Bourg-d'Oisans nach Pied de côte:
$\frac{740\,m - 720\,m}{1500\,m} = \frac{20\,m}{1500\,m} = \frac{2\,m}{150\,m} = 0{,}013 = \frac{1{,}3}{100} = 1{,}3\,\%$
Pied de côte nach La Garde:
$\frac{237\,m}{2500\,m} = 0{,}0948 = \frac{9{,}48}{100} = 9{,}48\,\%$
La Garde nach Le Ribot:
$\frac{163\,m}{2000\,m} = 0{,}0815 = \frac{8{,}15}{100} = 8{,}15\,\%$
Le Ribot nach Huez-en-Oisans:
$\frac{275\,m}{3500\,m} = 0{,}0786 = \frac{7{,}86}{100} = 7{,}86\,\%$
Huez-en-Oisans nach L'Alpe-d'Huez (entrée):
$\frac{265\,m}{3000\,m} = 0{,}0883 = \frac{8{,}83}{100} = 8{,}83\,\%$
L'Alpe-d'Huez (entrée) nach L'Alpe-d'Huez:
$\frac{170\,m}{3000\,m} = 0{,}0567 = \frac{5{,}67}{100} = 5{,}67\,\%$
b) Gesamtsteigung: $\frac{1130\,m}{15\,500\,m} = 0{,}0729 = \frac{7{,}29}{100} = 7{,}29\,\%$
Vier der sechs Streckenabschnitte sind sehr viel steiler als die Gesamtsteigung. Die Gesamtsteigung veranschaulicht also nicht sehr gut, wie steil oder flach einzelne Teilstücke sind.

Randspalte
Die Steigungen der einzelnen Teilstücke vom Start bis zum Ziel lauten:
$m_1 = \frac{4}{3}$; $m_2 = 2$; $m_3 = 4$; $m_4 = -\frac{3}{2}$; $m_5 = -\frac{2}{3}$; $m_6 = 1$; $m_7 = 4$

Seite 92

10 Individuelle Lösungen
Als Hilfe: zeichne zuerst in ein vorgefertigtes Koordinatensystem Geraden mit den angegebenen Steigungen ein. Zeichne zu jeder Geraden das Steigungsdreieck. Miss dann die Winkel des Steigungsdreiecks, die an die Gerade angrenzen und die Länge der Seiten des Steigungsdreiecks.
Wenn man nun eine beliebige Gerade zeichnet, geht man wie folgt vor:
Man zeichnet an einer beliebigen Stelle das Steigungsdreieck ein. Achte darauf, welche Seite des Dreiecks deine „Zähler"- und welches deine „Nenner"-Seite ist.
Man verlängert nun die „Nenner"-Seite des Steigungsdreiecks. Falls die gegebene Gerade keinen y-Achsenabschnitt hat, ist diese Geraden die x-Achse. Nun zeichnet man zur „Zähler"-Seite des Dreiecks eine Parallele, die durch die andere Ecke des Steigungsdreiecks geht. Diese Parallele ist die y-Achse. Hat die vorgegebene Gerade einen y-Achsenabschnitt b, muss man die eben gezeichnete x-Achse noch parallel nach oben verschieben, falls der y-Achsenabschnitt b negativ ist. Sie wird nach unten verschoben, falls der y-Achsenabschnitt positiv ist.

11 Jeweils zwei der Geraden sind senkrecht zueinander. Die Steigungen der senkrechten Geraden haben entgegen gesetzte Vorzeichen und Zähler und Nenner sind vertauscht.

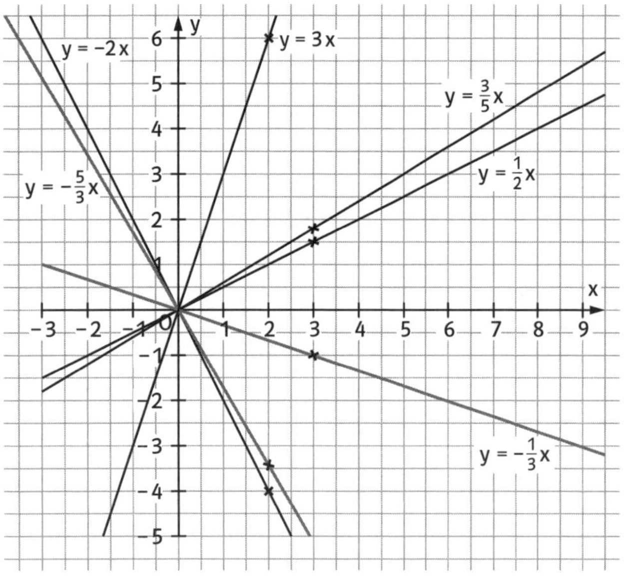

12 a) Da das Boot zurückgerudert werden muss, kann der Erwachsene nicht als erster rudern.
Es rudern erst die beiden Kinder von Ufer A nach Ufer B. Kind 1 bleibt am Flussufer B, das Kind 2 rudert zurück. Kind 2 bleibt am Ufer A und lässt den Erwachsenen ans gegenüberliegende Ufer B rudern, Kind 1 rudert das Boot vom gegenüberliegenden Ufer zurück nach A und beide Kinder setzen dann über nach B.
Das sind 5 Flussüberquerungen.
b) Jeder Erwachsene muss wie oben beschrieben über den Fluss gebracht werden, bei dem 2., 3., 4. und 5. Erwachsenen entfällt aber die erste Fahrt. Man muss also 21-mal hin und her rudern.

Graphen erzählen Geschichten

- Die rote Gerade zeigt, wo Forstmeister Fichte sich zu welcher Zeit befindet. Er läuft in einem gleichmäßigen Tempo vom Waldrand zur Jagdhütte. Die blaue Gerade zeigt, dass Bello in doppeltem Tempo zur Jagdhütte rast (Steigung doppelt so groß), und von dort mit gleicher Geschwindigkeit bis zu Forstmeister Fichte zurückläuft. Dann rennt er erneut zur Jagdhütte …
- Zum ersten Schaubild gehört der dritte Text. Kim sprintet los, läuft dann mit langsamem Tempo weiter, bleibt längere Zeit stehen, wobei Sarah an ihr vorbeiläuft, und sprintet noch einmal, aber nicht ganz so schnell wie am Anfang.

Zum zweiten Schaubild gehört der erste Text. Kim sprintet los, läuft langsam, sprintet erneut, läuft dann wieder langsam, sprintet noch einmal und bleibt dann stehen, bis Sarah kommt.
Zum dritten Schaubild gehört der zweite Text. Kim beginnt sehr langsam und steigert ihr Tempo viermal leicht.

Seite 93

13 a) Die Punkte lauten A(1,5 | 2); B(3 | 0,5); C(5 | 2,5); D(3,5 | 4). Man kann die Steigungen jeweils ablesen. Den Achsenabschnitt b liest man ebenfalls ab oder berechnet ihn, indem man in die Formel $y = mx + b$ die Steigung m und die Koordinaten eines Punkts für x und y einsetzt.
Die Gleichungen der Geraden lauten:
g_{AB}: $y = -x + 3{,}5$
g_{CD}: $y = -x + 7{,}5$
g_{AD}: $y = x + 0{,}5$
g_{BC}: $y = x - 2{,}5$
Die kleinen Buchstaben geben an, welche der Punkte auf dieser Gerade liegen.
b) Die Punkte lauten A(3 | 0); B(6 | 1,5); C(2,5 | 5); D(1 | 2).
Die Gleichungen der Geraden lauten:
g_{AB}: $y = 0{,}5x - 1{,}5$
g_{BC}: $y = -x + 7{,}5$
g_{CD}: $y = 2x$
g_{AD}: $y = -x + 3$
Die kleinen Buchstaben geben an, welche der Punkte auf dieser Gerade liegen.

14 Die Punkte lauten A(0 | 1); B(4 | 3); C(1 | 6)
g_{AB}: $y = 0{,}5x + 1$
g_{BC}: $y = -x + 7$
g_{AC}: $y = 5x + 1$
Die Innenwinkel haben folgende Größe:
$\alpha = 52°$; $\beta = 72°$; $\gamma = 56°$
Tipp: Zeichne die Höhe auf AB durch den Punkt C. Liegt der Punkt B' am Schnittpunkt der eingezeichneten Höhe mit der Geraden AB, dann ist der Winkel $\beta = 90°$. Will man einen stumpfen Winkel, muss der Punkt also noch weiter „nach links" wandern.
Die Gleichung einer möglichen Geraden B'C lautet:
B'(2 | 2); $g_{B'C}$: $y = -4x + 10$

Fadenbilder

- Individuelle Lösungen. Man gibt entweder die Funktionsgleichungen ein oder die zwei Punkte auf den Achsen und lässt eine Verbindungsgerade zeichnen.
- g_{AB}: $y = -5x + 10$
  g_{CD}: $y = -\frac{9}{4}x + 9$
  g_{EF}: $y = -\frac{4}{3}x + 8$
  g_{GH}: $y = -\frac{7}{8}x + 7$
  g_{IJ}: $y = -\frac{4}{5}x + 6$
  g_{KL}: $y = -\frac{5}{12}x + 5$
  g_{MN}: $y = -\frac{2}{7}x + 4$
  g_{OP}: $y = -\frac{3}{16}x + 3$
  g_{QR}: $y = -\frac{1}{9}x + 2$
  g_{ST}: $y = -\frac{1}{20}x + 1$
- Lösung entspricht dem Fadenbild im Buch. Verwendet man zur Erstellung der Geraden ein dynamisches Geometriesystem, muss man die Funktionsgleichungen vor der Eingabe nach y auflösen oder die beiden Punkte auf den Achse eingeben und eine Verbindungsgerade zeichnen lassen.

Seite 94

Versorgungstarife

- Man berechnet
Grundgebühr + Anzahl der Kilowattstunden x Verbrauch

Für Familie Sommer ergibt sich:
EWR: 964,68 €
GreenStrom: 967,20 €
HappyEnergy: 979,08 €
BerspitzStrom: 961,80 €
Am günstigsten ist für sie BergspitzStrom.

Für Frau Bonetti ergibt sich:
EWR: 269,88 €
GreenStrom: 301,20 €
HappyEnergy: 292,83 €
BerspitzStrom: 316,05 €
Sie sollte also EWR wählen.

- Man gibt die Grundgebühren der verschiedenen Anbieter in einer Reihe (A1; B1; …) an, die Kosten pro kWh in der nächsten Reihe (A2; B2; …). Als Formel für den Rechnungsbetrag gibt man in Zelle A3 ein „=A1+x*A2“, wobei A1 bzw. A2 markiert werden müssen, x ist der eigene Stromverbrauch. Drückt man auf „Enter“ erscheint der Rechnungsbetrag. Zieht man das Feld A3 nun über die Zellen B2; B3; … erscheinen auch die anderen Rechnungsbeträge.
-

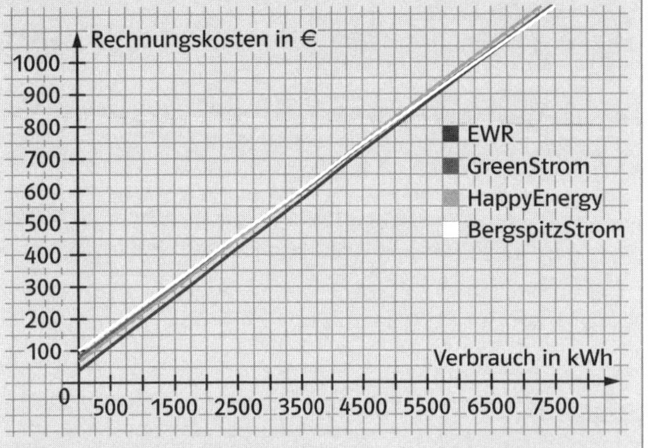

Im Schaubild sind die Anbieter aus der Tabelle oben dargestellt.
Ein Problem ist, dass der Unterschied zwischen 100 kWh so gering ist, dass der Rechnungsbetrag im Schaubild nur schwer abzulesen ist. Generell muss man im Voraus sehr genau wissen, wie viele kWh man benötigt, um zu entscheiden welchen Anbieter man wählt.

- Pro Monat erhält man etwa
150 kWh · 0,574 € = 86,10 €
Nach 12 500 € : 86,10 € = 145,18 Monaten, also etwa 12 Jahren, hat sich die Anschaffung bezahlt gemacht.
- Punkt P zeigt die Grundgebühr von 30 € an, Punkt Q zeigt den Verbrauch von 200 m^3 und die Gesamtkosten von 180 € an. Am y-Achsenabschnitt liest man die Grundgebühr ab. Die Steigung gibt an, wie hoch die Kosten pro Kubikmeter sind.
- Man sucht sich ein geeignetes Steigungsdreieck und liest ab, dass der Preis pro Kubikmeter 0,75 € beträgt.
- Familie Schneider hat 200 Kubikmeter Wasser verbraucht und bezahlt dafür 180 €. Für das Abwasser bezahlt sie zusätzlich 320 €. Die Kosten belaufen sich insgesamt auf 500 €.
- Individuelle Lösungen. Die Gebühren könnt ihr bei den Stadtwerken erfragen. Sicher können euch aber auch eure Eltern weiterhelfen.

5 Lineare Gleichungssysteme

Auftaktseite: Größer, kleiner, gleich

Seiten 96 bis 97

Rechtecke auf dem Schulhof

Es gibt mehrere Möglichkeiten:

Länge	Breite
12	0
11	1
10	2
9	3
8	4
7	5
6	6
5	7
4	8
3	9
2	10
1	11

Eine entsprechende Gleichung könnte wie folgt aussehen: $2x + 2y = 24$, dabei ist x die Länge und y die Breite des Rechtecks.

Die Schnur hat 24 Teile. Eine Gleichung könnte so aussehen: $a + b + c + d = a + 3b = 24$. Mögliche Lösungen: $b = 7$, $a = 3$ oder $b = 6$ und $a = 6$.

Was kostet der Führerschein?

Anzahl Std.	0	10	12	15	20
Kosten „Wagner" in €	150	400	450	525	650
Kosten „Müller" in €	0	350	420	525	700

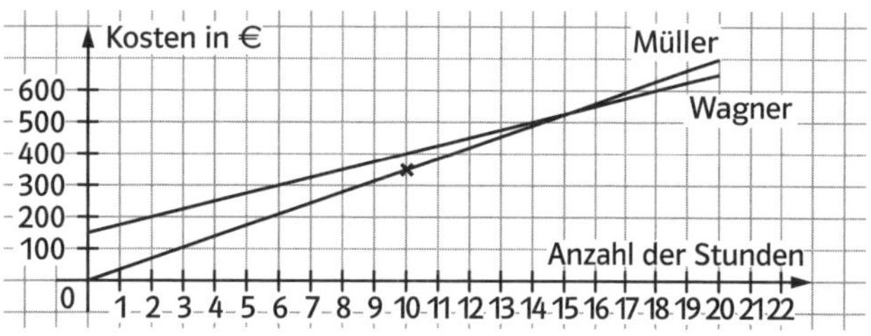

Maiks Entscheidung hängt davon ab, wie viele Fahrstunden er benötigen wird. Ist er ein guter Fahrer und kommt mit den gesetzlich vorgeschriebenen 12 Fahrstunden aus, so ist die Fahrschule Müller günstiger. Je mehr Fahrstunden er aber braucht, desto günstiger wird es für ihn, sich bei der Fahrschule Wagner anzumelden. Braucht er 15 Stunden, so haben beide Anbieter den gleichen Preis.

1 Lineare Gleichungen mit zwei Variablen

Seite 98

Einstiegsaufgabe

➔ Schenkellänge x, Basislänge y. Mögliche Lösungen: $x = 11\,cm$, $y = 18\,cm$; $x = 12\,cm$, $y = 16\,cm$; $x = 13\,cm$, $y = 14\,cm$; $x = 15\,cm$, $y = 10\,cm$; $x = 17\,cm$, $y = 6\,cm$.

Seite 99

1 a) $2x + 3y = 24$: (9; 2); (6; 4); (3; 6)
b) $10x + 2y = 52$: (1; 21); (2; 16); (3; 11); (4; 6); (5; 1)
c) $3x + 5y = 68$: (1; 13); (6; 10); (11; 7); (16; 4); (21; 1)

2 a) $x + y = 9$.
Mögliche Lösungen: (0; 9); (1; 8); (2; 7); (3; 6); (4; 5); …
b) $x + 3y = 10$.
Mögliche Lösungen: (7; 1); (4; 2); (1; 3); (13; −1); …
c) $3x - 2y = 7$.
Mögliche Lösungen: (3; 1); (5; 4); (7; 7); …
d) $5x + \frac{1}{2}y = 134$.
Mögliche Lösungen: (26; 8); (25; 18); (24; 28); …

3 a) $\left(2; \frac{3}{2}\right)$; (0; 3); $\left(3; \frac{3}{4}\right)$
b) (1; 2); $\left(2; \frac{8}{3}\right)$; (4; 4)
c) (1; 7); (2; 9); (4; 13)
d) $\left(\frac{1}{2}; \frac{1}{2}\right)$; (−2; 3); (0; 1)
e) (3; 1); (1; 0); (5; 2)
f) (1; 3); (0; 1); (−2; −3)

4

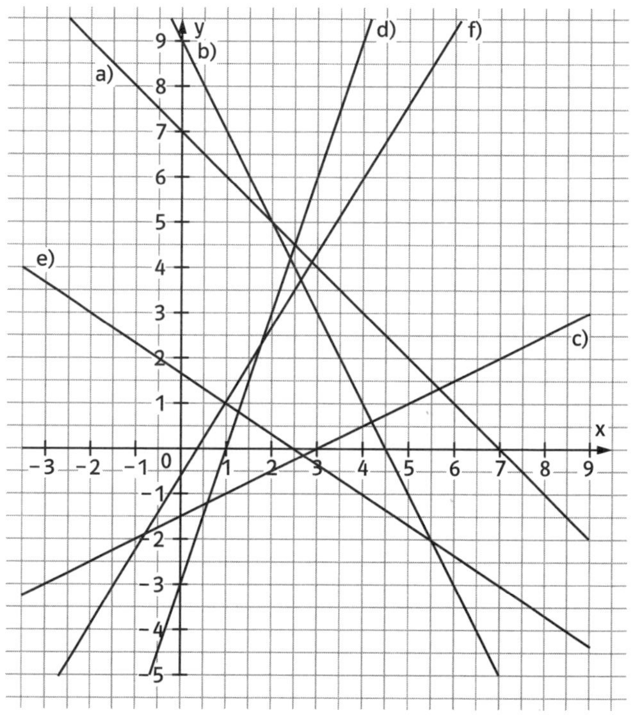

a) mögliche Zahlenpaare: (7; 0); (3; 4); (0; 7)
b) mögliche Zahlenpaare: (0; 9); (1; 7); (4; 1)
c) mögliche Zahlenpaare: (5; 1); (3; 0); (7; 2)
d) mögliche Zahlenpaare: (0; −3); (1;0); (2; 3)
e) mögliche Zahlenpaare: (2,5; 0); (1; 1); (−3,5; 4)
f) mögliche Zahlenpaare: (1; 1); (4; 6); (−2; −4)

5

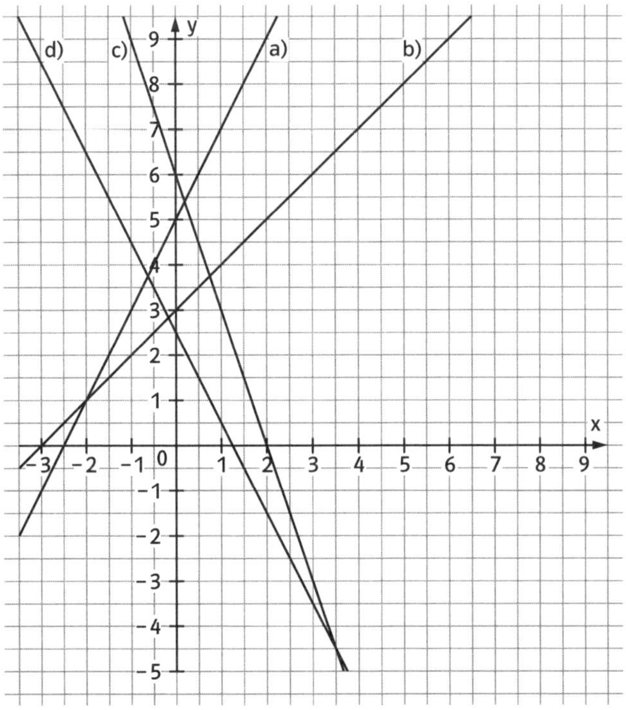

a) $y = 2x + 5$ b) $y = x + 3$
c) $y = -3x + 6$ d) $y = -2x + 2{,}5$

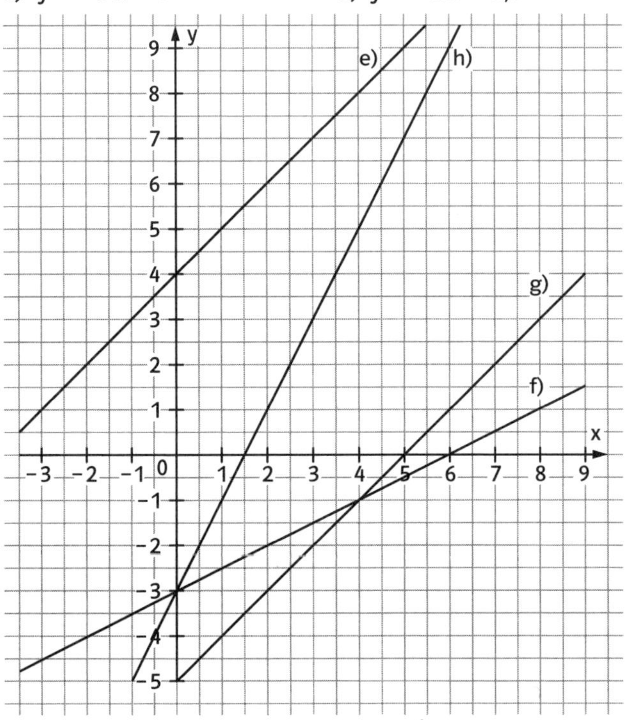

e) $y = x + 4$ f) $y = \frac{1}{2}x - 3$
g) $y = x - 5$ h) $y = 2x - 3$

6 a) (1; −1)   b) (0; 3)   c) (−2; 11)
d) (−0,25; 4)   e) (3,25; −10)   f) (1,5; −3)

7 Rechnerisch: Zahlenpaar (4; 2) löst Gleichung $2y + x = 8$, denn $2 \cdot 2 + 4 = 8$
Zahlenpaar (2; −2) löst Gleichung $x + y = 0$, denn $2 + (-2) = 0$
Zahlenpaar (1,5; 1,5) löst Gleichung $3x - y = 3$, denn $3 \cdot 1{,}5 - 1{,}5 = 3$
Zahlenpaar (−3; −1) löst Gleichung $2x - 3y + 3 = 0$, denn $2 \cdot (-3) - 3 \cdot (-1) + 3 = 0$

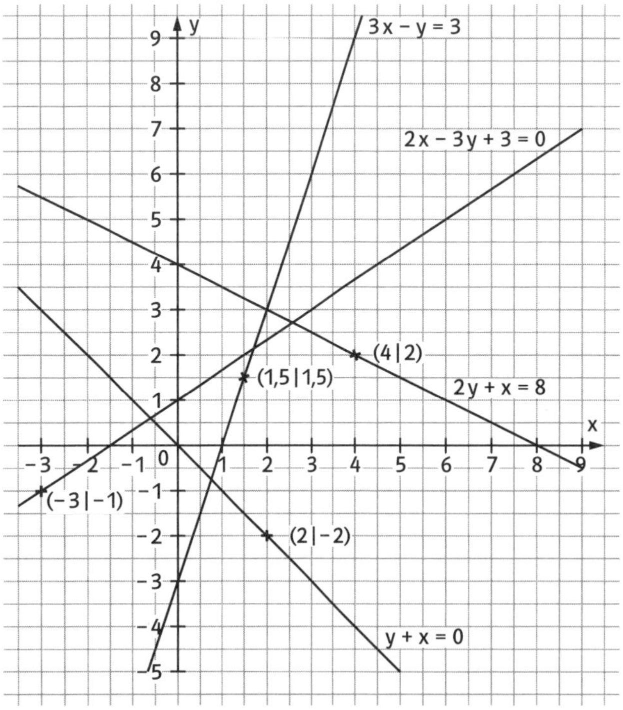

8 a) $2x + 2y = 28$
Lösungen z. B. (4; 10); (7; 7)
b) $3x + 2y = 30$
Lösungen z. B. (8; 3); (6; 6); (4; 9)
c) $2x + 2y = 30$
Lösungen z. B. (13; 2); (10; 5)

9 a) $6a + 3c = 60$.
Lösungen z. B. (5; 10); (7; 6); (3; 14)
b) $4a + 4s = 40$.
Lösungen z. B. (4; 6); (5; 5); (7; 3)
c) $8a + 4b = 100$
Lösungen z. B. (4; 17); (5; 15); (10; 5)

10 A gehört zu 2
B gehört zu 4
C gehört zu 1
D gehört zu 3

11 Durch Probieren erhält man: Es müssen 34 1-€-Münzen und 45 2-€-Münzen gewesen sein, denn 34 € + 2 · 45 € = 124 €, und 34 + 45 = 79.

Randspalte:
2x + 6y = 30.
Lösungen: (12; 1); (9; 2); (6; 3); (3; 4); (0; 5)

2 Lineare Gleichungssysteme

Seite 100

Einstiegsaufgabe

→ Der zweiten Teilaufgabe liegt nicht mehr der 36 cm lange Draht zugrunde, sondern ein beliebiges Stück.

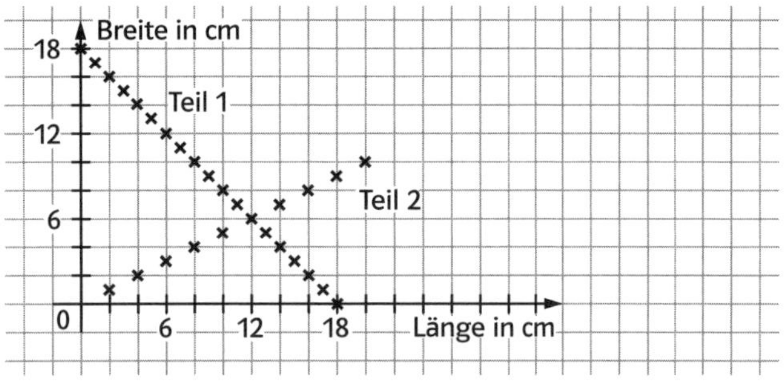

→ Das Rechteck mit den Seitenlängen 6 cm und 12 cm erfüllt beide Bedingungen. Im Schaubild ist dies der gemeinsame Punkt.

Seite 102

Randspalte
Peter hat die x- und y-Koordinate verwechselt. Die Lösung ist (2; 3).

1 a) S(2 | 1)
b) S(2 | 3)
c) keine Lösung
d) S(−2 | 4)
e) S(−2 | −1,5)
f) S(−3 | −1)
g) S(−1 | 0,5)
h) (0,5 | −1,5)

2
a) $y = \frac{1}{2}x + 2$
$y = -1{,}5x + 6$
L = {(2; 3)}

b) $y = -4x$
$y = 2x + 6$
L = {(−1; 4)}

c) $y = 3x + 1$
$y = -x - 3$
L = {(−1; −2)}

d) $y = \frac{1}{3}x + 4$
$y = \frac{2}{3}x + 3$
L = {(3; 5)}

e) $y = -\frac{1}{3}x + 1$
$y = x + 5$
L = {(−3; 2)}

f) $y = -\frac{1}{2}x + 2$
$y = -\frac{7}{6}x + 6$
L = {(6; −1)}

3 a) L = {(8; 100)}

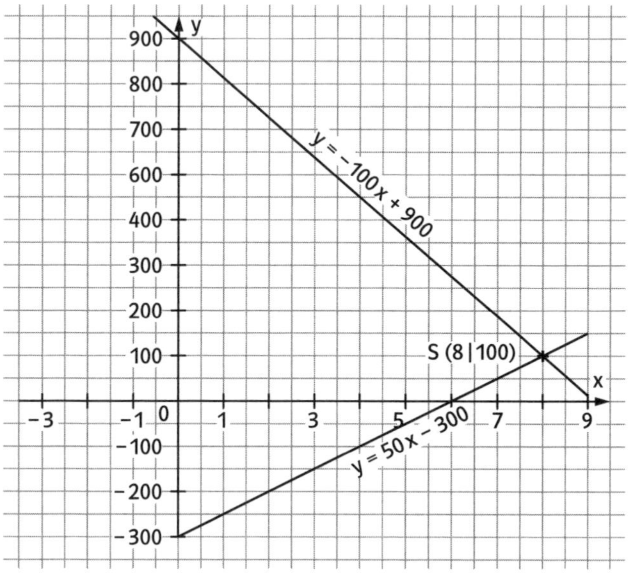

b) L = {(−100; 3)}

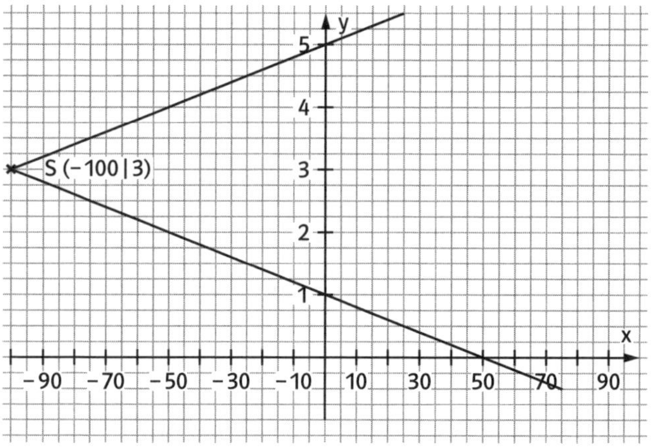

4 a) A(2 | 1); B(8 | 4); C(4 | 6)

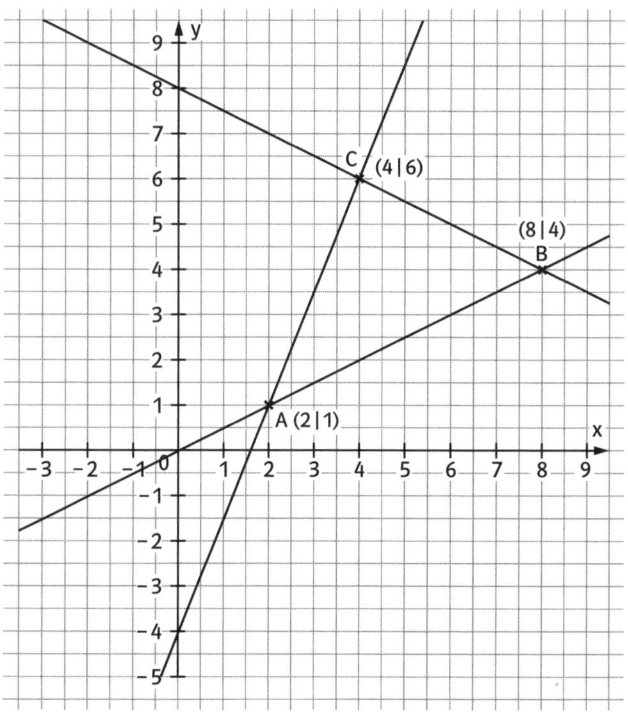

b) A(2 | 1); B(10 | 9); C(−2 | 3)

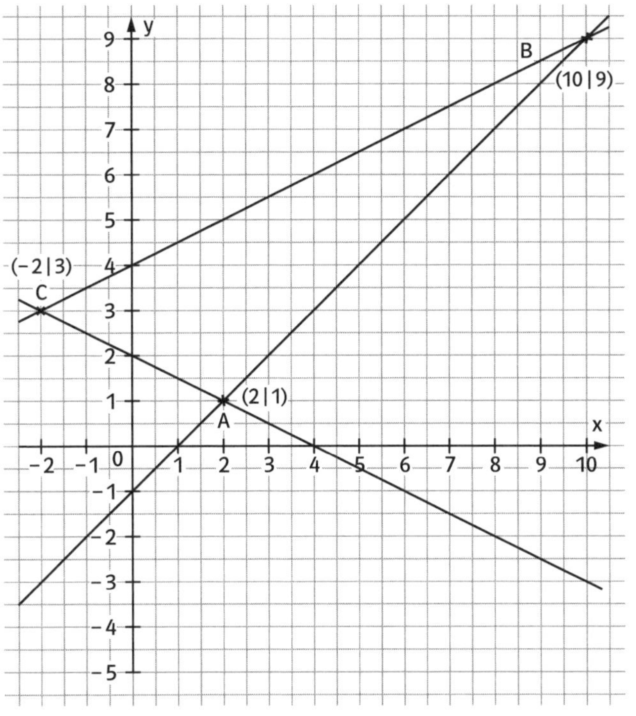

5 a) S(1,5 | 1,5) liegt im ersten Quadranten
b) S(−1,5 | −1,5) liegt im dritten Quadranten
c) S(−1,5 | 1,5) liegt im zweiten Quadranten
d) S(1,5 | −1,5) liegt im vierten Quadranten

6 a) S(3,6 | 5,2) b) S(2,5 | −3,5)
c) S(−2,4 | 4,2) d) S(−2,4 | −0,6)

7 a) Kleinbildkamera: $y = 0{,}05x + 3$; Digitalkamera: $y = 0{,}15x + 2$.
Sechs Bilder kosten mit der Kleinbildkamera 3,30 €, mit der Digitalkamera 2,90 €. Zwanzig Bilder kosten mit der Kleinbildkamera 4 €, mit der Digitalkamera 5 €.
b)

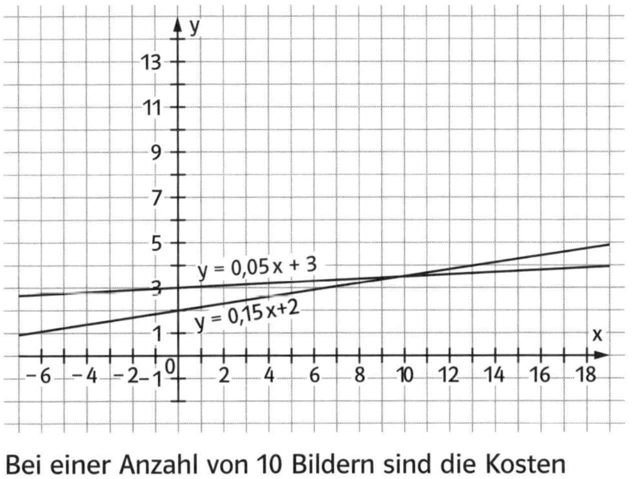

Bei einer Anzahl von 10 Bildern sind die Kosten gleich, sie betragen dann 3,50 €. Je mehr Bilder gemacht werden, desto günstiger wird es mit der Kleinbildkamera.

8 Angebot A: $y = 3x + 10$; Angebot B: $y = 5x$.
Es kommt darauf an, wie lange die Familie die Räder leihen möchte. Bei einer Ausleihdauer von fünf Tagen kostet es bei beiden Anbietern gleich viel. Ist die Ausleihdauer kürzer, so sollten sie sich für das Angebot B entscheiden; ab einer Dauer von sechs Tagen ist Angebot A günstiger.

9 Frage: Welches Angebot ist günstiger?
Antwort: Angebot A: $y = 25x + 125$; Angebot B: $y = 30x$.
Geht man davon aus, dass ein Arbeitstag in beiden Firmen gleich lang ist, z. B. acht Stunden, so ist das Angebot der Firma A mit 925 € günstiger als das Angebot der Firma B mit 960 €.

10 Angebot 1: $y = 12x + 100$; Angebot 2: $y = 20x + 60$.
Beim Vergleich dieser Angebote kommt es auf die Ausleihdauer an. Beträgt diese genau 5 Stunden, so haben beide Anbieter denselben Preis. Benötigt man die Hebebühne jedoch kürzer, so ist das Angebot mit der kleineren Grundgebühr und den höheren Stundenkosten günstiger. Ab einer Dauer von sechs Stunden ist das erste Angebot günstiger, da die hohe Grundgebühr sich mit den niedrigeren Stundenkosten ausgleicht.

Seite 103

11 a) $y = 2x + 5$ und $y = 2x - 1$;
keine Lösung
b) $y = -x + 3$ und $y = -2x + 4$;
genau eine Lösung
c) $y = -x + 5$;
unendliche viele Lösungen
d) $y = -3x - 2$ und $y = -3x + 2$;
keine Lösung

12 unendlich viele Lösungen:
$y = \frac{1}{2}x + 5$ $y = -\frac{1}{2}x + 5$
$2y = x + 10$ $2x + 4y - 20 = 0$
genau eine Lösung:
$y = -5x - 2$ $y = -2x - 5$
$5x - 2 = y$ $x - y - 5 = 0$
keine Lösung:
$y = \frac{1}{5}x - 3$ $4x - 2y - 10 = 0$
$5y - 2 = x$ $2x - y = 0$

13 a) $y = 2x + 5$ b) $y + (-2)x = 3$
c) $2y = 4x - 3$ d) $6x - 3y = 1$

14 a) $6x - 2y = 8$ b) $9x - 18 = 3y$
c) $y = 2x - 4$
individuelle Lösungen

Treffpunkte

■

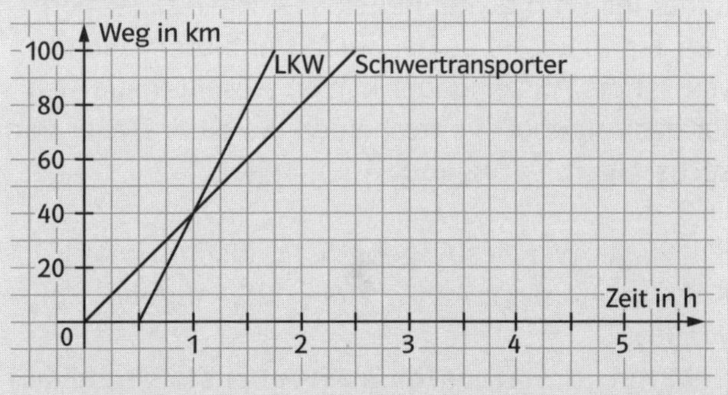

Der LKW holt den Schwertransporter nach einer halben Stunde bzw. 40 km ein.

■

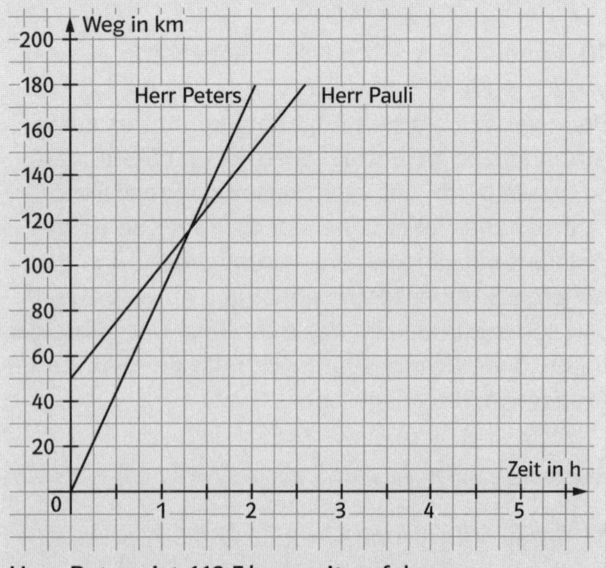

Herr Peters ist 112,5 km weit gefahren.
Er überholt nach 1 h 15 min.

■

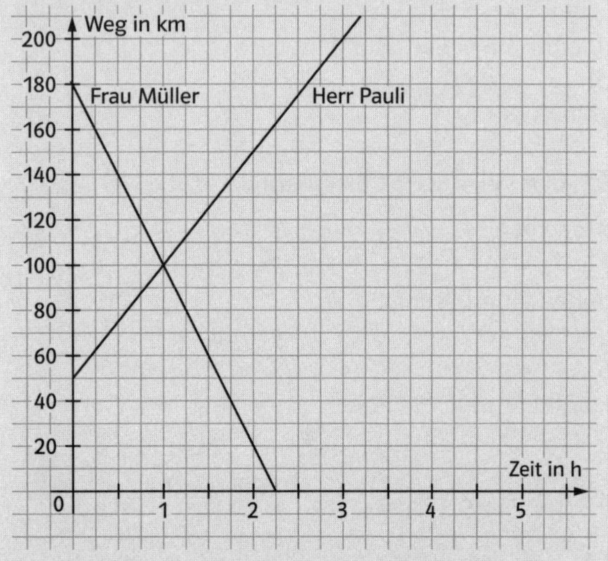

Frau Müller hatte eine Geschwindigkeit von 80 km/h.

3 Lösen durch Gleichsetzen

Seite 104

Einstiegsaufgabe

➔

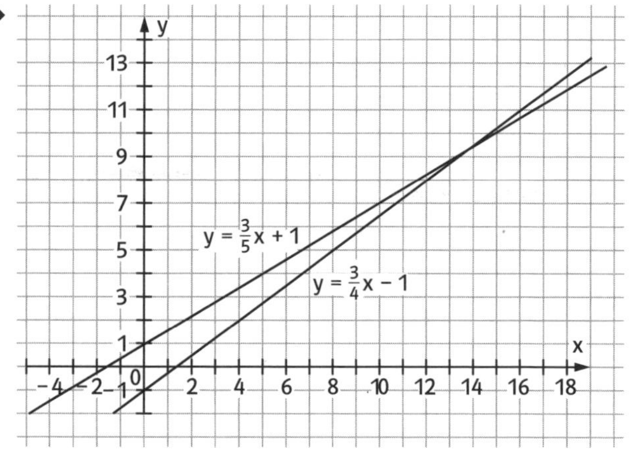

Abgelesene Lösung: S(13,2 | 9); errechnete Lösung: $S(13\frac{1}{3} \mid 9)$

➔ Bei diesem Gleichungssystem kann man die Lösung nicht mehr gut ablesen, da sich die Zahlenwerte stark unterscheiden.

Seite 105

Randspalte

Heike hat nicht bedacht, dass die Lösung eines Gleichungssystems aus einem Punkt, d.h. aus einem Wertepaar (x; y) besteht. Die richtige Antwort wäre: Das Gleichungssystem hat die Lösung (1; 2).

1 Da die linken Waagschalen der Waagen übereinstimmen, müssen auch die Inhalte der rechten Waagschalen gleich schwer sein. Also wiegt ein Würfel und 8 kg so viel wie zwei Würfel und 4 kg ($x + 8 = 2x + 4$). Daraus folgt, dass ein Würfel 4 kg wiegt.

2 a) $L = \{(5; 11)\}$ b) $L = \{(7; 2)\}$
c) $L = \{(5; 14{,}5)\}$ d) $L = \{(3; 14)\}$
e) $L = \{(-2; -1)\}$ f) $L = \{(4; 1)\}$

3 a) $L = \{(1; 1)\}$ b) $L = \{(2; 1)\}$
c) $L = \{(4; 33)\}$ d) $L = \{(3; 9)\}$

4 a) $L = \{(\frac{7}{3}; 2)\}$ b) $L = \{(3; -1)\}$
c) $L = \{(-9; -5)\}$ d) $L = \{(3; 5)\}$
e) $L = \{(0; -6)\}$ f) $L = \{(\frac{7}{4}; -\frac{23}{8})\}$

5 a) $L = \{(0; 0)\}$ b) $L = \{(1; 1)\}$
c) $L = \{(0; 2)\}$ d) $L = \{(5; 0)\}$
Da alle Gleichungen bereits nach y aufgelöst sind, muss man jeweils die rechten Seiten der Gleichungen gleichsetzen.

6 a) Multipliziere die erste Gleichung mit 2, löse beide Gleichungen nach 2x auf, setze gleich.
L = {(3; 2)}
b) Multipliziere die erste Gleichung mit 2, löse beide Gleichungen nach 2y auf, setze gleich.
L = {(4; 9)}
c) Dividiere die zweite Gleichung durch 2, löse beide Gleichungen nach 2x auf, setze gleich.
L = {(5; −2)}
d) Dividiere die erste Gleichung durch 2, löse beide Gleichungen nach 2x auf, setze gleich.
L = {(−4; −3)}
e) Vereinfache zunächst beide Gleichungen. Man erhält:
$x = -y + 4$
$y = -2x + 3$.
Löse beide Gleichungen nach y auf und setze gleich.
L = {(−1; 5)}

7 a) L = {(6; 1)} b) L = $\{(\frac{5}{3}; -\frac{8}{3})\}$
c) L = {(9; 4)} d) L = {(−2; 4)}
e) L = {(3; −3)} f) L = {(−1; 2)}

8

a)	b)	c)
$1 - 3y = x$	$y = 5x - 14$	$12 - x = 3y$
$x = 5 - 7y$	$y = 13 - 4x$	$x + 14 = 10y$
L = {(−2; 1)}	L = {(3; 1)}	L = {(6; 2)}

9 a) mögliche Lösungen:

$y = 2x - 4$	$y + x = 5$	$2y - x = 6$
$y = 4x - 14$	$2y - x = 4$	$3x - y = 17$
L = {(5; 6)}	L = {(2; 3)}	L = {(8; 7)}

b) $y = 2x + 1$
$y = 4x - 1$
L = {(1; 3)}
Wenn man das Schaubild der vorgegebenen Gleichung hat, kann man durch den gewünschten Schnittpunkt (1; 3) beliebig viele Geraden zeichnen, deren Gleichung das Gleichungssystem ergänzen kann.

10 rote Gerade: $y = 4x + 1$, blaue Gerade: $y = 7x - 1$.
Rechnerisch: L = $\{(\frac{2}{3}; \frac{11}{3})\}$
Zeichnerisch:

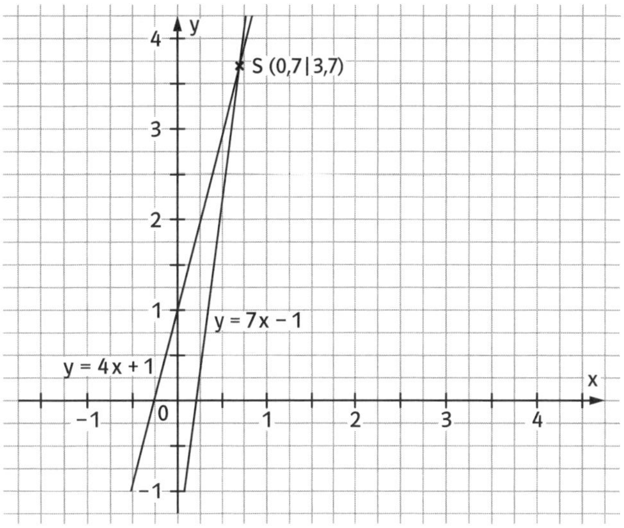

Seite 106

Lösen durch Einsetzen

▪ $5x + 3x = 8 \rightarrow 8x = 8 \rightarrow x = 1$; L = {(1; 3)}
$5y + 2y = 49 \rightarrow 7y = 49 \rightarrow y = 7$; L = {(35; 7)}
$3x + x + 1 = 11 \rightarrow 4x = 10 \rightarrow x = 2{,}5$; L = {(2,5; 3,5)}
$5y + 4 = 7 + 2y \rightarrow 3y = 3 \rightarrow y = 1$; L = {(9; 1)}
▪ L = {(1; 2)} L = {(8; −1)}
L = {(2; 2)} L = {(3; 1)}
L = {(−12; −7)} L = {(−2,5; 4,5)}
L = {(3; 2)} L = {(5; −3)}
Gemeinsam ist beiden Verfahren, dass Gleichungen nach einer Variablen aufgelöst werden müssen. Beim Einsetzungsverfahren muss zumeist nur eine Gleichung nach einer Variablen aufgelöst werden, beim Gleichsetzungsverfahren meistens beide.
▪ Randaufgabe: APFELSAFT; TRANSPARENTE; SPORTART; BLEIBEN; BEINHALTUNG; LESELAMPE:

11 a) Keine Lösung. Die Geraden im Schaubild haben dieselbe Steigung, aber unterschiedliche Achsenabschnitte, sie sind also parallel. In der Rechnung fallen beim Gleichsetzen von y die Terme mit x weg; es bleibt eine unwahre Aussage stehen.
b) Unendlich viele Lösungen. Die Geraden im Schaubild fallen zusammen. In der Rechnung entsteht eine wahre Aussage, nämlich 0 = 0.
c) Genau eine Lösung: L = {(−1; 0)}. Die Geraden schneiden sich in genau einem Punkt, sie haben also unterschiedliche Steigungen. In der Rechnung ergibt sich ein Wert für x und ein Wert für y.

12 a) $y = 2x + 4$ b) $2y = 4x - 6$
c) Zeichnerische Begründung: Zwei Geraden können sich nicht in genau zwei Punkten schneiden. Wenn zwei Geraden zwei Punkte gemeinsam haben, dann sind sie identisch.
Rechnerische Begründung: Beim Lösen eines linearen Gleichungssystems gelangt man immer auf eine lineare Gleichung mit einer Variablen. Diese kann nicht zwei unterschiedliche Lösungen haben.

13 a) $L = \{(2; 5)\}$ b) $L = \{(4; 12)\}$
c) $L = \{(3; -1)\}$ d) $L = \{8; 0\}$
e) $L = \{(-2; 6)\}$ f) $L = \{(-3; -4)\}$

14 Jede Gleichung eines Gleichungssystems kann als lineare Funktion aufgefasst werden, deren Schaubild eine Gerade ist. Sind die beiden Funktionen identisch, so haben sie unendlich viele gemeinsame Punkte. Im Gleichungssystem bedeutet dies, dass die Gleichungen identisch sind. Haben die Funktionen einen gemeinsamen Punkt, so haben sie unterschiedliche Steigung. Im Gleichungssystem ergibt sich eine Lösung. Wenn die Geraden gleiche Steigung, aber einen unterschiedlichen Achsenabschnitt haben, so verlaufen sie parallel und haben keine gemeinsamen Punkte. Das Gleichungssystem hat keine Lösung, da z. B. beim Gleichsetzen die Terme mit x wegfallen und eine unwahre Aussage entsteht.

15 rote Gerade: $y = \frac{3}{2}x - 3$
blaue Gerade: $y = \frac{1}{3}x + 2$.
Koordinaten des Schnittpunktes: (4,3; 3,4);
exakt: $\left(4\frac{2}{7}; 3\frac{3}{7}\right)$

4 Lösen durch Addieren

Seite 107

Einstiegsaufgabe
➔ $4x + 2y = 2y + 16 \rightarrow 4x = 16 \rightarrow x = 4$;
$y = 5 - 4 = 1 \rightarrow L = \{(4; 1)\}$
➔ Bei der Waage bedeutet dies, dass man die beiden grünen Kugeln wegnehmen kann, da auf beiden Seiten der Waage gleich viele liegen. Dies entspricht beim rechnerischen Weg der Subtraktion von 2y auf beiden Seiten.

Randspalte
Gleichung (1) und (2) subtrahieren:
$2y = 4 \quad |:2$
$y = 2$
Einsetzen in (1):
$x + 2 = 5 \quad |-2$
$x = 3$
$L = \{(3; 2)\}$

Seite 108

1 Man legt beide Seiten der Waage zusammen.
Ein Würfel wiegt 9 kg : 3 = 3 kg.

2 a) $L = \{(5; 3)\}$ b) $L = \{(2; -2)\}$
c) $L = \{(3; 6)\}$ d) $L = \{(2; 3)\}$
e) $L = \{(5; -2)\}$ f) $L = \{(-2; -3)\}$

3 a) $L = \{(2; -1)\}$ b) $L = \{(5; 3)\}$
c) $L = \{(8; 1)\}$ d) $L = \{(4; 5)\}$
e) $L = \{(3; 3)\}$ f) $L = \{(5; -1)\}$

4 a) $L = \{(2; 3)\}$ b) $L = \{(5; 1)\}$
c) $L = \{(-4; 5)\}$ d) $L = \{(3; -4)\}$
e) $L = \{(2; 5)\}$ f) $L = \{(-1; 4)\}$

5 a) Man muss die Gleichungen nicht nach einer Variablen auflösen und dann gleichsetzen oder einsetzen. Die einzige Umformung ist eine Multiplikation der Gleichung mit einer Zahl.
b) $3x + 4y = 12$ $-5a - 6b = 1$ $u + 7v = 7$
$5x - 4y = 18$ $10a - b = 6$ $u + 9v = 8$
c) Beispiel: $4x + y = 9$
$2x + 7y = 11$

6 a) $L = \{(4; 5)\}$ b) $L = \{(1; 3)\}$
c) $L = \{(6; 11)\}$ d) $L = \{(13; 7)\}$
Bei allen vier Gleichungssystemen ist das Additionsverfahren am günstigsten, da man – auch wenn man Einsetzungs- oder Gleichsetzungsverfahren anwenden möchte – immer mindestens eine der beiden Gleichungen multiplizieren muss.

7 a) keine Lösung.
b) unendlich viele Lösungen.
Bereits im Gleichungssystem sieht man, dass die Koeffizienten von x und y in den beiden Gleichungen gleich sind und daher beim Addieren/Subtrahieren der Gleichungen wegfallen.

8 Erwachsene: x; Kinder: y
$2x + 2y = 28$
$x + 3y = 22$
$L = \{(10, 4)\}$.
Drei Erwachsene mit vier Kindern müssen also 46 € zahlen.

Gleichungskette

- 1. L = {(1; 0)} 2. L = {(−1; 1)}
  3. L = {(2; −1)} 4. L = {(−3; 2)}
  5. L = {(5; −3)}
- Als Koeffizienten dieser Gleichungssysteme werden die so genannten Fibonacci-Zahlen benutzt. Das heißt man erhält immer den nachfolgenden Wert, indem man die beiden Vorgängerwerte addiert: 1; 1; 2; 3; 5; 8; 13; 21; 34; 55; ... Die Gleichungssysteme werden so „gebaut", dass die Koeffizienten fortlaufend durch Fibonacci-Zahlen ersetzt werden; dabei ist immer die erste Gleichung des nachfolgenden Gleichungssystems die zweite Gleichung des vorhergehenden Gleichungssystems. Das Ergebnis der Gleichungen ist immer 1.
- 6. $8x + 13y = 1$, $13x + 21y = 1$, L = {(−8; 5)}
  7. $13x + 21y = 1$, $21x + 34y = 1$, L = {(13; −8)}
  8. $21x + 34y = 1$, $34x + 55y = 1$, L = {(−21; 13)}

5 Modellieren mit linearen Gleichungssystemen

Seite 109

Einstiegsaufgabe

➔ Der Laserdrucker ist zwar in der Anschaffung teurer, dafür sind die einzelnen Ausdrucke günstiger (pro Ausdruck 0,02 € im Vergleich zu 0,06 € pro Ausdruck beim Tintenstrahldrucker).

➔ Wenn man viele Ausdrucke machen möchte, so ist der Laserdrucker auf Dauer gesehen günstiger. Außerdem muss man die Schnelligkeit und Qualität der Ausdrucke beurteilen.

Seite 110

1 a) Wichtig ist die Berücksichtigung der Folgekosten, also die Kosten für die Tintenpatronen. Simone muss abschätzen, wie viel sie durchschnittlich drucken wird.

y: Kosten, x: Anzahl Ausdrucke

Drucker 1: $y = 99 + 0{,}03x$

Drucker 2: $y = 150 + 0{,}02x$.

Ab einem Verbrauch von 5100 Blatt ist es günstiger, den teureren Drucker mit den günstigeren Patronen zu kaufen.

b) Der erste Drucker kostet mit Druckpatronen für 10 000 Ausdrucke 399,00 €, der zweite nur 350,00 €. Die Differenz beträgt also 49,00 €. Das heißt, jede einzelne Patrone von Drucker 1 müsste also mindestens 4,91 € billiger sein. Eine Patrone dürfte also höchstens 25,09 € kosten.

Eine rechnerische Lösung wäre wie folgt möglich:
n steht für den gesuchten Preis von Patrone 1:

$150\,€ + 10 \cdot 20\,€ > 99\,€ + 10 \cdot n$

$251\,€ > 10n$

$25{,}10\,€ > n$

2 x: Anzahl der Besucher, y: Kosten

Angebot 1: $y = 300 + x$

Angebot 2: $y = 600 + 0{,}4x$

Die beiden Angebote ergeben denselben Wert bei x = 500, nämlich 800 €. Das heißt bei einer Besucherzahl von 500 ergeben sich für die SMV die gleichen Kosten. Kommen weniger Besucher, so ist es Angebot 1 günstiger. Es gilt nun abzuschätzen, wie viele Besucher kommen werden.

Nimmt man weiterhin an, dass 500 Besucher kommen, kostet Angebot 3 die SMV 650 €. Allgemein kann man sagen, dass bei geringen Besucherzahlen (zwischen 200 und 500 Besuchern) das dritte Angebot am günstigsten ist.

Das Schaubild veranschaulicht dies:

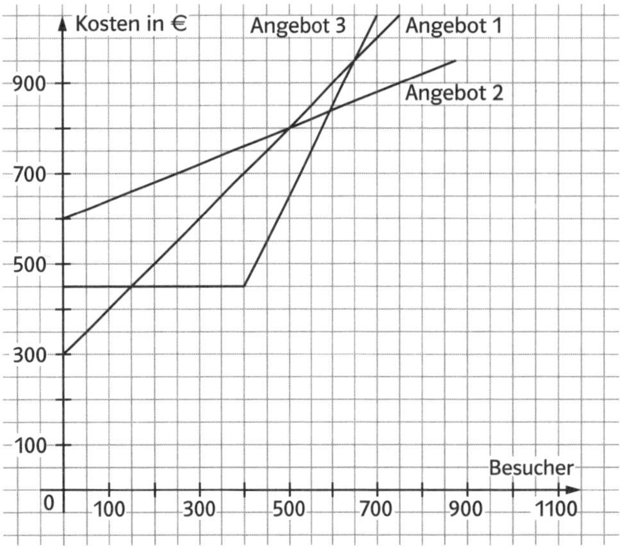

3 a) Der LKW hat die geringsten Fixkosten, die Fahrkosten je transportierter Tonne Fracht sind jedoch deutlich höher als bei den beiden anderen Verkehrsmitteln. Der Zug hat höhere Fixkosten als der LKW, die Kosten pro Tonne sind aber niedriger. Das Schiff hat die höchsten Fixkosten. Bei größeren Entfernungen (mehr als 300 km) ist das Schiff am günstigsten, weil dort die Fahrkosten pro Tonne am kleinsten sind.

b) Im Nahverkehr (weniger als 70 km Entfernung) ist der LKW am geeignetsten und auch am günstigsten. Bei mittleren Entfernungen (ca. 100 km bis 300 km) ist der Zug am günstigsten, ansonsten das Schiff. Allerdings ist der LKW am flexibelsten, er benötigt weder Hafen noch Bahnhof.

c) LKW: $y = 2{,}5x + 150$
Zug: $y = x + 250$
Schiff: $y = 0{,}5x + 400$
Bei einer Entfernung von 1200 km ist das Schiff mit 1000 € um 450 € günstiger als der Zug und um 2150 € günstiger als der LKW.

Seite 111

„Break-even-Point"

Maschinenteile

▪

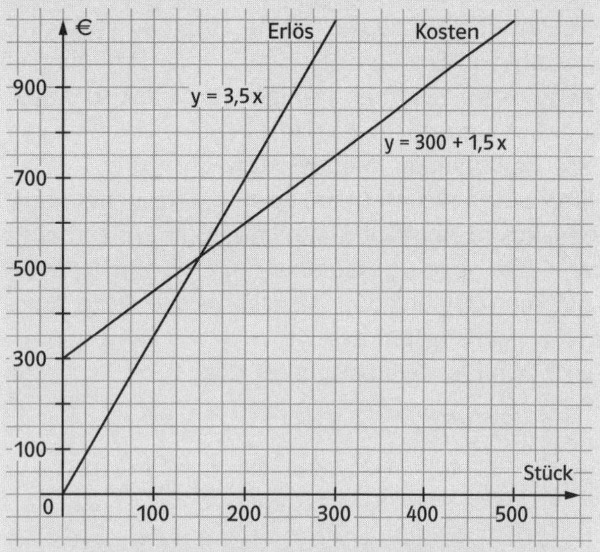

▪ Aus dem Schaubild lässt sich die Stückzahl 150 als Nutzenschwelle ablesen.
▪ Bei 125 Stück beträgt der Verlust 50 €, bei 250 verkauften Teilen beträgt der Gewinn 200 €.
▪ Die Fixkosten müssen auf 200 € gesenkt werden.
▪ Der Break-even-Point verschiebt sich auf 200 Stück.
▪ Rechnerische Lösung:

<u>Nutzenschwelle:</u> $3{,}5x = 300 + 1{,}5x$
$x = 150$

<u>Verlust bei 125 verkauften Teilen:</u>
Erlöse – Ausgaben
$= 300 + 1{,}50\,€ \cdot 125 - 3{,}50\,€ \cdot 125$
$= 487{,}50\,€ - 437{,}50\,€$
$= 50\,€$

<u>Fixkostenanteil:</u>
$3{,}5x \geqq n + 1{,}5x$ für $x = 100$
$350 \geqq n + 150$
$200 \geqq n$
Bei einem „Break-even-Point" bei 100 Teilen muss der Fixkostenanteil 200 € oder weniger betragen.

<u>Fixe Kosten 400 €:</u>
$3{,}5x = 400 + 1{,}5x$
$x = 200$

Mikrochips

▪

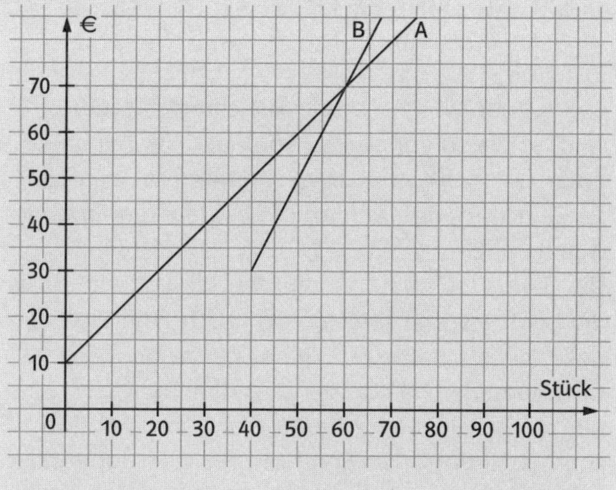

▪ Bei einer Abnahmemenge von 100 Mikrochips ist Hersteller A mit 110 € um 40 € günstiger als sein Konkurrent.
▪ Bei einer Bestellmenge von 60 Chips sind beide Anbieter gleich teuer, darunter ist Hersteller B günstiger. Werden mehr als 60 Chips benötigt, ist Hersteller A billiger.

Kraftstoffkosten

▪ Die beiden folgenden Funktionsgleichungen drücken die **jährlichen** Gesamtkosten aus; möchte man sich auf den Monat beziehen, muss man die 1. Summanden (y-Achsenabschnitt) durch 12 dividieren.
Benzin: $y = 2291{,}40 + 0{,}12x$
Diesel: $y = 2770{,}80 + 0{,}08x$
▪ 5000 km: Benzin: 2891,40 €; Diesel: 3170,80 €
10 000 km: Benzin: 3491,40 €; Diesel: 3570,80 €
20 000 km: Benzin: 4691,40 €; Diesel: 4370,80 €
▪

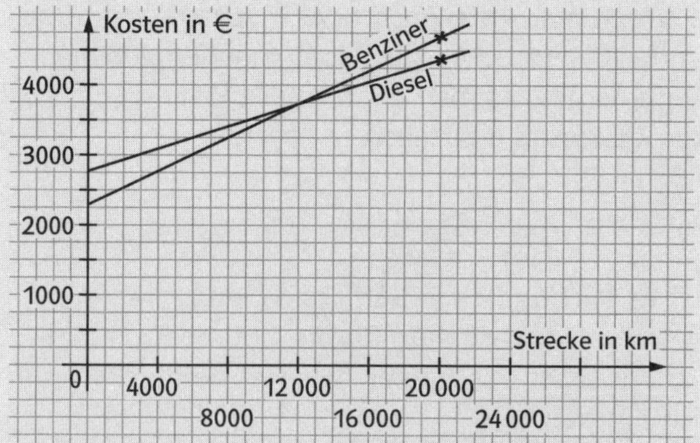

Abzulesen ist u.a. die Fahrleistung, bei der Benzin und Diesel gleich teuer sind. Außerdem erkennt man, in welchem Bereich das Dieselfahrzeug günstiger bzw. teurer ist.
▪ Je mehr Kilometer im Jahr gefahren werden, desto günstiger ist ein Dieselfahrzeug im Vergleich zu einem Benzinfahrzeug. Mit den gegebenen Werten ist ein Dieselfahrzeug ab einer

jährlichen Fahrleistung von 11985 km günstiger. Weiterhin zu berücksichtigen sind der Anschaffungspreis, der Wiederverkaufswert, die Kosten für Reparaturen, Steuern und Versicherung.

Üben • Anwenden • Nachdenken

Seite 113

1 a) L = {(3; 7)} b) L = {(1; −2)}
c) L = {(8; 9)} d) L = {(−2,5; 0,5)}
e) L = {(1; 4)} f) L = {(8; 13)}
g) L = {(2; 3)} h) L = {(2,5; 2)}
i) L = {(−3; 2)} k) L = {(5; 1,5)}
l) L = {(15; −15)} m) L = {(25; −11,5)}

2 a) L = {(2; 0)} b) L = {(2; −1)}
c) L = {(4; −3)} d) L = {(3; −2)}
e) L = {(−1; −4)} f) L = $\{(2\frac{2}{3}; -1\frac{2}{3})\}$

3 a) L = {(6; 4)} b) L = {(−3; 10)}
c) L = {(2; −5)} d) L = $\{(-\frac{7}{6}; 5\frac{1}{3})\}$
e) L = {(2; 0)} f) L = {(2; 3)}

4 a) keine Lösung b) L = {(6; 0)}
c) $y = -\frac{2}{3}x + 3$; unendlich viele Lösungen
d) L = {(0; 4)}
e) $y = \frac{3}{2}x - 2{,}5$ und $y = \frac{3}{2}x + 1$; keine Lösung
f) $y = \frac{4}{3}x + 2$; unendlich viele Lösungen
g) $y = -x + 1$; unendlich viele Lösungen

5 a) L = {(2; 3)} b) L = {(1,25; 6,75)}
c) L = {(−2; 1)} d) L = $\{(16\frac{1}{4}; 17\frac{1}{2})\}$
e) L = {(−2; −3)} f) L = {(3; 5)}

6
a) $5x + 3y = 3900$
$5x - 3y = 150$
L = {(405; 625)}

b) $10x - 21y = 175$
$5x + 2y = 25$
L = {(7; −5)}

c) $x - y = 37$
$x - 1 = 3y$
L = {(55; 18)}

d) $x + y = 45$
$3x = 2y$
L = {(18; 27)}

Seite 114

7 a) ein Schnittpunkt; L = {(2; 2)}
b) keinen Schnittpunkt
c) drei Schnittpunkte; L = {(3; 6), (6; 4), (1; 1)}
d) zwei Schnittpunkte; L = {(1; 3,5), (3; 2,5)}
e) a = 3,6 cm; b = 5,8 cm; c = 5,4 cm
u = 14,8 cm; A = 9,6 cm²

8 Gleichungen der parallelen Geraden:
1. $y = x$; 2. $y = x + 1$; 3. $y = x + 2$; 4. $y = x + 3$;
5. $y = x + 4$

Schnittpunkte von

$y = -5x + 5$ mit 1. $S(\frac{5}{6} | \frac{5}{6})$
2. $S(\frac{2}{3} | 1\frac{2}{3})$
3. S(0,5 | 2,5)
4. $S(\frac{1}{3} | 3\frac{1}{3})$
5. $S(\frac{1}{6} | 4\frac{1}{6})$

$y = -x + 5$ mit 1. S(2,5 | 2,5)
2. S(2 | 3)
3. S(1,5 | 3,5)
4. S(1 | 4)
5. S(0,5 | 4,5)

$y = -\frac{1}{5}x + 5$ mit 1. $S(4\frac{1}{6} | 4\frac{1}{6})$
2. $S(3\frac{1}{3} | 4\frac{1}{3})$
3. S(2,5 | 4,5)
4. $S(1\frac{2}{3} | 4\frac{2}{3})$
5. $S(\frac{5}{6} | 4\frac{5}{6})$

$y = \frac{1}{5}x + 5$ mit 1. S(6,25 | 6,25)
2. S(5 | 6)
3. S(3,75 | 5,75)
4. S(2,5 | 5,5)
5. S(1,25 | 5,25)

9 linkes Gleichungssystem: L = {(1; 0,5)}
rechtes Gleichungssystem: L = {(−4; −4,46)})
Der Schnittpunkt des linken Gleichungssystems liegt im ersten Quadranten, der Schnittpunkt des rechten Gleichungssystems liegt im dritten Quadranten.

Noch mehr Variable

- L = {(4; 3; −2)}
  L = {(3; 5; 1)}
  L = {(5; 8; 11)}
- $x + y = 8$
  $x + z = 10$
  $y + z = 12$
  L = {(3; 5; 7)}

Seite 115

10 a) Die Differenz zweier Zahlen ist 5; ihre Summe ist ebenfalls 5. L = {(5; 0)}.
b) 36 Schüler werden in Drei- und Vierbettzimmern untergebracht. Es gibt insgesamt 10 Zimmer.
L = {(4; 6)}; es gibt also 4 Dreibett- und 6 Zweibettzimmer.

11 unendlich viele Lösungen:

$y = \frac{1}{2}x + 5$ $\quad$ $y = -\frac{1}{2}x + 5$

$2y = x + 10$ $\quad$ $2x + 4y - 20 = 0$

genau eine Lösung:

$y = -5x - 2$ $\quad$ $y = -2x - 5$

$5x - 2 = y$ $\quad$ $x - y - 5 = 0$

keine Lösung:

$y = \frac{1}{5}x - 3$ $\quad$ $4x - 2y - 10 = 0$

$5y - 2 = x$ $\quad$ $2x - y = 0$

12 a) Das Dreieck hat die Seitenlängen 3,5 cm, 8,5 cm und 10 cm.

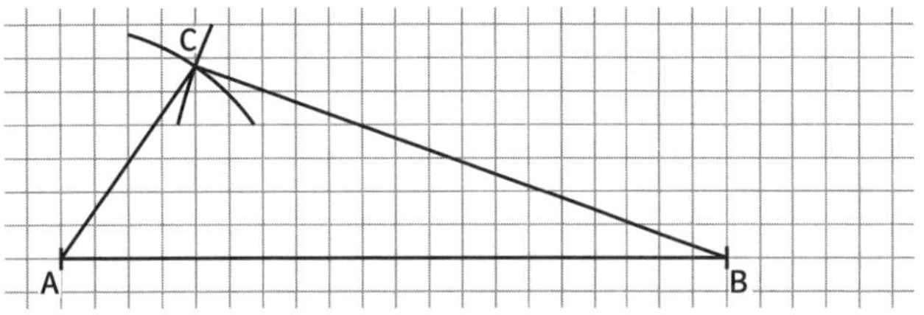

b) Das Dreieck hat die Seitenlängen 5 cm, 6 cm und 7 cm.

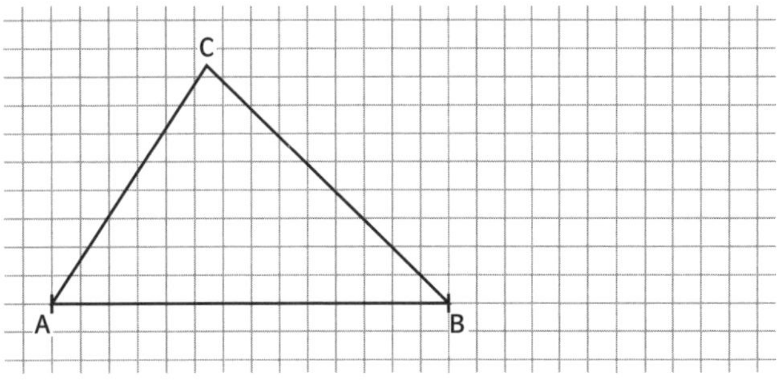

13 Schenkellänge: x, Basislänge: y.

$4x + 2y = 46$

$2x + 4y = 38$

$L = \{(9; 5)\}$.

Das Dreieck hat eine Schenkellänge von 9 cm und eine Basislänge von 5 cm.

Geradengleichung aus zwei Punkten

- $y = x + 1$

$y = -x + 7$

$y = 1{,}25x + 3{,}25$

- $y = \frac{4}{3}x + \frac{1}{3}$

Q(3 | 4) liegt nicht auf der Geraden.

$y = -x + 6$

Q(3 | 3) liegt auf der Geraden.

- $y = \frac{1}{2}x + \frac{3}{2}$

$y = -x + 6$

$y = \frac{1}{3}x - 1$

Seite 116

14 x: Anzahl der Zweierwürfe; y: Anzahl der Dreierwürfe

$43 = 9 + 2x + 3y$

$15 = x + y$

$L = \{(11; 4)\}$

Er hat elf Zweierwürfe und vier Dreierwürfe gemacht.

15 x: Umsatz; y: Verdienst (Gleichungen für einen Tag)

$y = 48 + 0{,}05x$

$y = 30 + 0{,}08x$

$L = \{(600; 78)\}$

Bis zu einem Umsatz von 600 € pro Tag ist die erste Variante für Sarah besser. Danach verdient sie mit Variante 2 mehr.

16 a) x: Brenndauer in h, y: Gesamtkosten.

Im ersten Druck des Schülerbuches fehlt die Angabe des Strompreises. Mit 19 ct/kWh ergeben sich folgende Funktionsgleichungen:

Glühbirne: $y = 0{,}01425x + 0{,}45$

Energiesparlampe: $y = 0{,}00285x + 5{,}95$

b) Gleichsetzen liefert für x gerundet den Wert 482. Dies ist die Brenndauer in Stunden, bei der die beiden Leuchtmittel gleich viel kosten.

c)

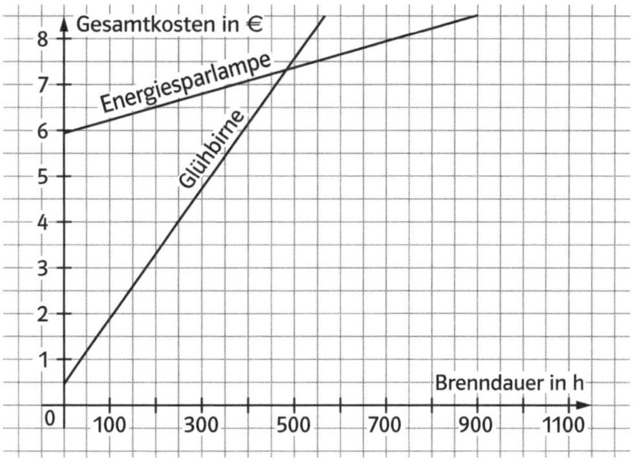

d) individuelle Lösung

Grafische Lösung mit dem Computer

- individuelle Lösungen
- g: $y = 3x - 3$

h: $y = -x + 3$

$S\left(\frac{3}{2} \middle| \frac{3}{2}\right)$

- Beispiele individuell
- Randaufgabe: S(20 | 20)
- $L = \{(2; 21)\}$

$L = \{(50; 5)\}$

6 Prismen

Auftaktseite: Ein Schnitt – zwei Prismen

Seite 118 – 119

Wir bauen einen Quader um
Man erhält Körper, deren Oberfläche aus Rechtecken oder aus Rechtecken und zwei anderen Flächen bestehen. Diese beiden anderen Flächen sind identisch und liegen sich genau gegenüber.

Körper-Puzzle
Sie lassen sich zu einem „Dach" zusammenlegen, das eine Grundfläche von 6 cm × 4,5 cm, zwei Dachflächen von je 6 cm × 4,5 cm und vorne und hinten ein gleichseitiges Dreieck von je 6 cm Länge besitzt.

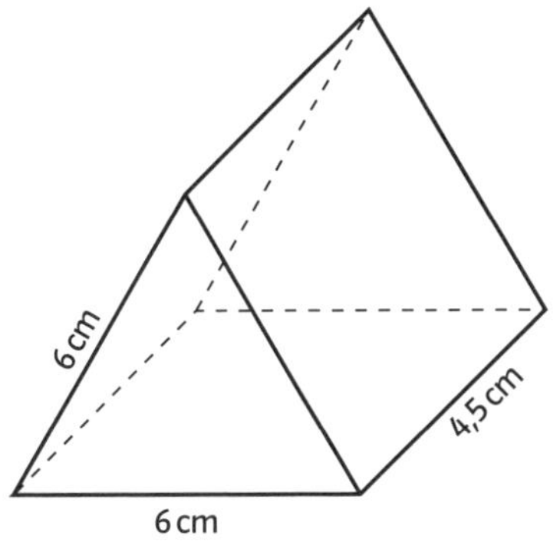

Mehr Wasser!
- In Wanne 3 ist am meisten Wasser, da sie am Boden breiter ist.
  Gießt man das Wasser aus Wanne 2 in Wanne 3, so läuft diese über.
- Gießt man das Wasser aus Wanne 2 in Wanne 1, so passt alles hinein.
- Mögliche weitere Fragen:
  Was passiert, wenn man das Wasser aus Wanne 3 in Wanne 2 gießt?
  Welche Wasseroberfläche ist am kleinsten, wenn alle Wannen zu einem Drittel gefüllt sind?
  Passt dann das Wasser aus allen drei Wannen in Wanne 1?
- Graph A gehört zu Wanne 2.
  Graph B gehört zu Wanne 3.
  Graph C gehört zu Wanne 1.

1 Quader und Würfel

Seite 120

Einstiegsaufgabe
➔ Würfel mit
2 cm Kantenlänge: 8 kleine Würfel
3 cm Kantenlänge: 27 kleine Würfel
4 cm Kantenlänge: 64 kleine Würfel
5 cm Kantenlänge: 125 kleine Würfel
6 cm Kantenlänge: 216 kleine Würfel
7 cm Kantenlänge: 343 kleine Würfel
8 cm Kantenlänge: 512 kleine Würfel
9 cm Kantenlänge: 729 kleine Würfel
10 cm Kantenlänge: 1000 kleine Würfel
➔ Würfel mit
1 cm Kantenlänge: 6 1-cm-Quadrate
2 cm Kantenlänge: 24 1-cm-Quadrate
3 cm Kantenlänge: 54 1-cm-Quadrate
4 cm Kantenlänge: 96 1-cm-Quadrate
5 cm Kantenlänge: 150 1-cm-Quadrate
6 cm Kantenlänge: 216 1-cm-Quadrate
7 cm Kantenlänge: 294 1-cm-Quadrate
8 cm Kantenlänge: 384 1-cm-Quadrate
9 cm Kantenlänge: 486 1-cm-Quadrate
10 cm Kantenlänge: 600 1-cm-Quadrate
Man muss nicht abzählen. Man multipliziert die Kantenlänge mit sich selbst und anschließend mit sechs. So erhält man die Anzahl der 1-cm-Quadrate.
➔ In den blauen Quader passen 120 kleine Würfel, da der Würfel aus 5 Schichten und jede Schicht aus 24 kleinen Würfeln besteht. Sein Netz enthält 148 1-cm-Quadrate.

Seite 121

1 a) $V = 64\,cm^3$; $O = 96\,cm^2$
b) $V = 1728\,cm^3$; $O = 864\,cm^2$
c) $V = 3375\,cm^3$; $O = 1350\,cm^2$
d) $V = 216\,dm^3$; $O = 216\,dm^2$
e) $V = 91{,}125\,cm^3$; $O = 121{,}5\,cm^2$
f) $V = 0{,}125\,m^3$; $O = 1{,}5\,m^2$

2 a) $V = 315\,cm^3$; $O = 286\,cm^2$
b) $V = 162\,cm^3$; $O = 207\,cm^2$
c) $V = 4{,}2\,dm^3$; $O = 24{,}2\,dm^2$
d) $V = 1000\,dm^3$; $O = 730\,dm^2$
e) $V = 33{,}6\,cm^3$; $O = 97\,cm^2$
f) $V = 10\,648\,cm^3$; $O = 2904\,cm^2$

3 a) a = 10 cm b) 3 cm
c) 5 cm d) 6 cm

4 a) c = 12 cm b) b = 9 dm c) a = 10 cm

5 a) c = 4 cm b) c = 6 cm c) c = 3,5 cm

6 $100\,000\,cm \cdot 100\,cm \cdot 0{,}1\,cm = 1\,000\,000\,cm^3$
$1\,000\,000 \cdot 0{,}5\,g = 500\,000\,g = 500\,kg$
Du kannst die Folie nicht tragen!

7 a) $O_{Würfel} = 600\,cm^2$; $O_{eines\ Teils} = 400\,cm^2$;
$O_{beider\ Teile} = 800\,cm^2$
Es kommt je Schnitt zweimal die Grundfläche des Würfels hinzu (also $200\,cm^2$).
b) $O_{eines\ Teils} = 250\,cm^2$; $O_{aller\ Teile} = 1000\,cm^2$
Es kommt je Schnitt zweimal die Grundfläche des Würfels hinzu (also $400\,cm^2$).
c) $O_{eines\ Teils} = 150\,cm^2$; $O_{aller\ Teile} = 1200\,cm^2$
Es kommt je Schnitt zweimal die Grundfläche des Würfels hinzu (also $600\,cm^2$).
d) $O_{eines\ Teils} \approx 2{,}54\,cm^2$; $O_{aller\ Teile} = 2600\,cm^2$
Es kommt je Schnitt zweimal die Grundfläche des Würfels hinzu (also $2000\,cm^2$).

8 a) $O = 2 \cdot 6a^2 - 2a^2 = 10a^2$
b) $O_{drei\ Würfel} = 3 \cdot 6a^2 - 4a^2 = 14a^2$
$O_{vier\ Würfel} = 4 \cdot 6a^2 - 6a^2 = 18a^2$
$O_{fünf\ Würfel} = 5 \cdot 6a^2 - 8a^2 = 22a^2$

9 a) $O_{blau} = 6a^2$; $O_{rot} = 6 \cdot (5a)^2 = 6 \cdot 25 \cdot a^2 = 150a^2$
→ 25-mal so groß
$V_{blau} = a^3$; $V_{rot} = (5a)^3 = 125a^3$ → 125-mal so groß
b) Die Kanten sind doppelt so lang.
Die Oberfläche ist 4-mal so groß.
c) Die Kanten sind dreimal so lang.
Das Volumen ist 27-mal so groß.

Seite 122

10 a)

	Oberfläche	Volumen
Butter	$272{,}32\,cm^2$	$268{,}32\,cm^3$
Salz	$369{,}9\,cm^2$	$411{,}08\,cm^3$
Milch	$663{,}12\,cm^2$	$997{,}92\,cm^3$
Reis	$789{,}2\,cm^2$	$1332\,cm^3$
loser Zucker	$700\,cm^2$	$1200\,cm^3$
Würfelzucker	$428{,}94\,cm^2$	$550{,}19\,cm^3$
Kaffee	$415{,}5\,cm^2$	$472{,}6\,cm^3$

b) In der Milchpackung müssten eigentlich $1000\,cm^3$ enthalten sein, da es sich um einen Liter handelt (Ungenauigkeit beim Abmessen der Verpackung).
c) Butter besteht aus Fett und das schwimmt auf Wasser. Oder genauer: Für Wasser ist der Quotient Masse: Volumen = 1. Alle Stoffe, deren Quotient kleiner als 1 ist (und die sich nicht in Wasser auflösen) schwimmen.
d) Obwohl die Menge des losen Zuckers doppelt so groß ist, ist das Volumen mehr als doppelt so groß. Würfelzucker wird gepresst, deshalb gibt es weniger Zwischenräume zwischen den einzelnen Körnern.
e) Das Netz des Quaders der Verpackung hat eigentlich eine Fläche von $369{,}9\,cm^2$.
$369{,}9\,cm^2 + 2 \cdot 6{,}3\,cm \cdot 4{,}5\,cm = 426{,}6\,cm^2$.
Grund für den doppelten Boden. Salz ist relativ schwer und feinkörnig. Bei leichten Beschädigungen könnten schnell Salzkörner entrinnen oder die Packung ganz aufreißen.
f) Beinahe den doppelten.
g) Individuelle Lösungen.

11 a) $V_{Bücherkarton} \approx 49{,}8\,dm^3$;
$V_{Wäschekarton} \approx 77{,}16\,dm^3$; $V_{Stapelkiste} \approx 26{,}43\,dm^3$
b) $O_{Bücherkarton} \approx 82{,}78\,dm^2$;
$O_{Wäschekarton} \approx 110{,}87\,dm^2$; $O_{Stapelkiste} \approx 55{,}49\,dm^2$
c) Bei den Netzen sind Boden und Deckel jeweils doppelt vorhanden, damit man auch schwere Gegenstände in die Kartons packen kann. Der Flächeninhalt der Netze vergrößert sich somit um $30{,}74\,cm^2$ bzw. $47{,}63\,cm^2$.

1000 Würfel

▪

Volumen V in cm^3	Länge a in cm	V/a in cm^2	Breite b in cm	Höhe c in cm	Oberfläche O in cm^2	a/c	4·(a + b + c)
1000	1000	1	1	1	4002	1000	4008
1000	500	2	2	1	3004	500	2012
1000	250	4	4	1	2508	250	1020
1000	250	4	2	2	2008	125	1016
1000	200	5	5	1	2410	200	824
1000	125	8	8	1	2266	125	536
1000	125	8	4	2	1516	62,5	524
1000	100	10	10	1	2220	100	444
1000	100	10	5	2	1420	50	428
1000	50	20	20	1	2140	50	284
1000	50	20	10	2	1240	25	248
1000	50	20	5	4	940	12,5	236
1000	40	25	25	1	2130	40	264
1000	40	25	5	5	850	8	200
1000	25	40	20	2	1180	12,5	188
1000	25	40	10	4	780	6,25	156
1000	25	40	8	5	730	5	152
1000	20	50	10	5	700	4	140
1000	10	100	10	10	600	1	120

▪ Der Quader mit der kleinsten Oberfläche ist der Würfel mit einer Seitenlänge von 10 cm.
▪ Karin hat Recht, wie man erkennt, wenn man die Oberflächenwerte bei gleicher Kantenlänge a miteinander vergleicht.
▪ Alex hat Unrecht. Der Quader mit den Kantenlängen a = 200 cm, b = 5 cm und c = 1 cm hat im Vergleich zum Quader mit a = 250 cm, b = 2 cm und c = 2 cm eine größere Oberfläche bei kleinerer Gesamtkantenlänge. In der Tabelle sind mehr Gegenbeispiele.

Randspalte

1000 g Salz haben ein weitaus geringeres Volumen (822,16 cm^3) als 1000 g Reis (1332 cm^3). Füllt man beide Lebensmittel in gleich große Behälter, ist der mit Salz gefüllte somit um einiges schwerer.

2 Prisma. Netz und Oberfläche

Seite 123

Einstiegsaufgabe

➔ 10 und 15 mit 3, 4, 5, 6
8 und 12 mit 1, 3, 4
7 und 16 mit 3, 4, 5, 6
14 und 17 mit 3, 4, 5, 6
➔ 1 und 2, aber es gibt keine verwendbaren Mantelflächen.
9 und 18, aber es gibt keine verwendbaren Mantelflächen.
13 oder 11, aber beide sind nur einmal vorhanden.
➔ Nein, da die Flächen in keiner Seitenlänge übereinstimmen.
➔ Weil es kein Rechteck mit einer grünen und einer violetten Seite gibt.

Seite 124

1 a) O = 48 cm^2 b) O = 22 cm^2 c) O = 52,8 cm^2

2 a)

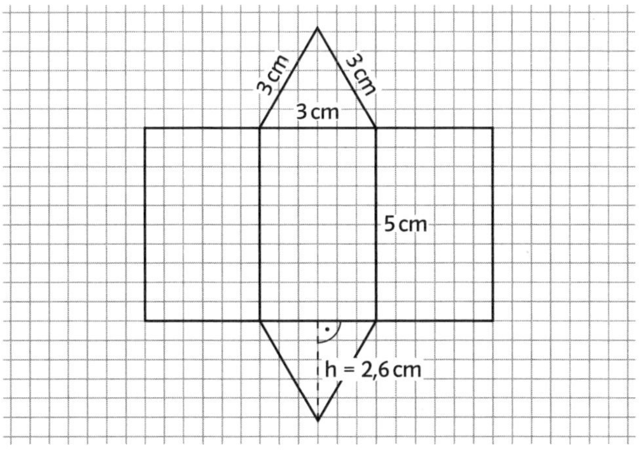

O = 52,8 cm^2

b)

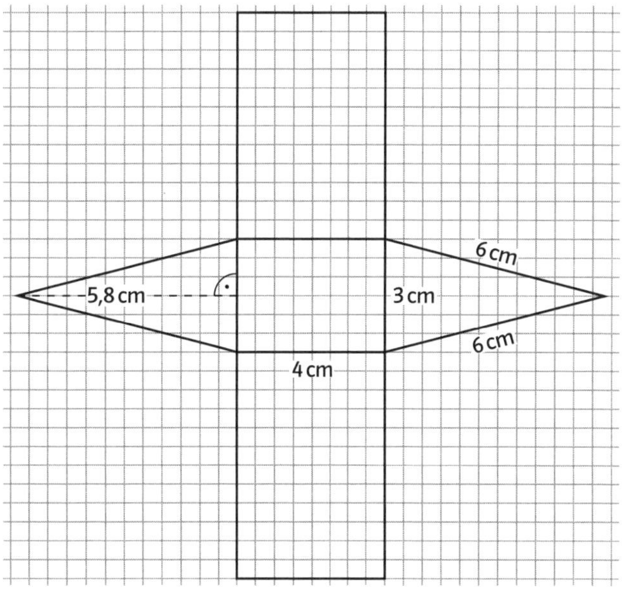

O = 77,4 cm^2

c)

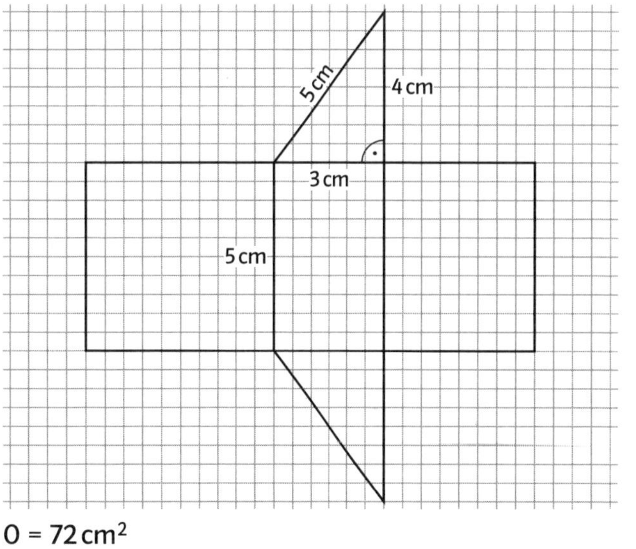

O = 72 cm^2

d)

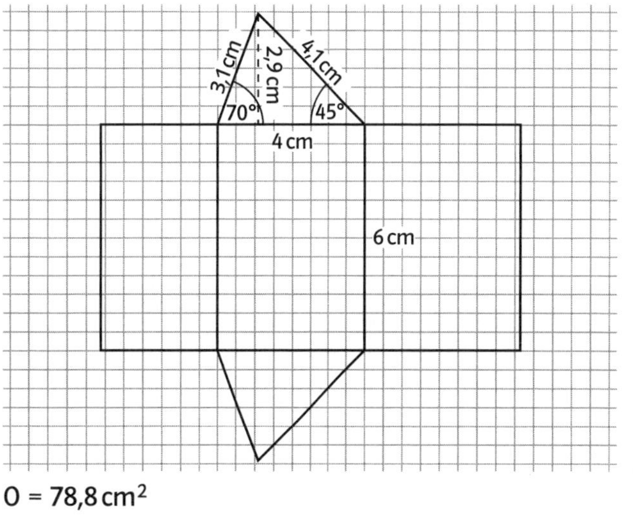

O = 78,8 cm^2

3 Es wird mit den abgelesenen Werten gerechnet, so dass die Ergebnisse leicht variieren können:

a) Skizze:

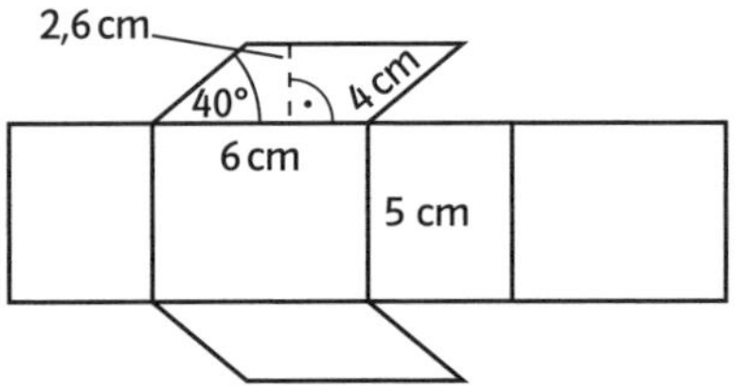

O = 131,2 cm²

b) Skizze:

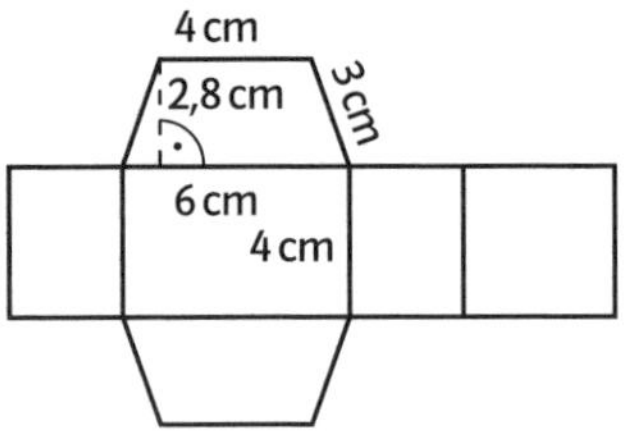

O = 92 cm²

c) Skizze:

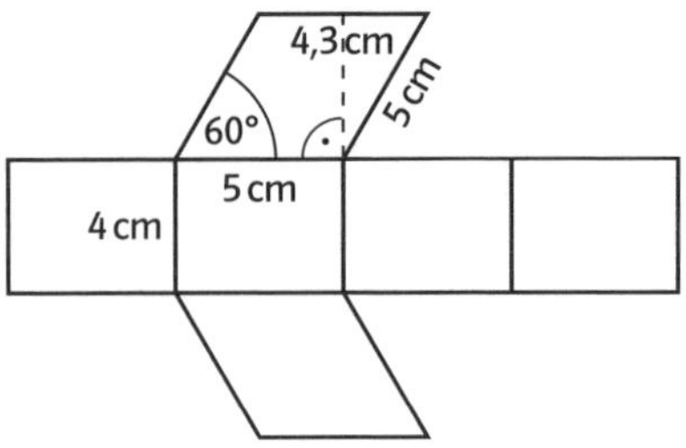

O = 123 cm²

d) Skizze: mögliche Lösung:

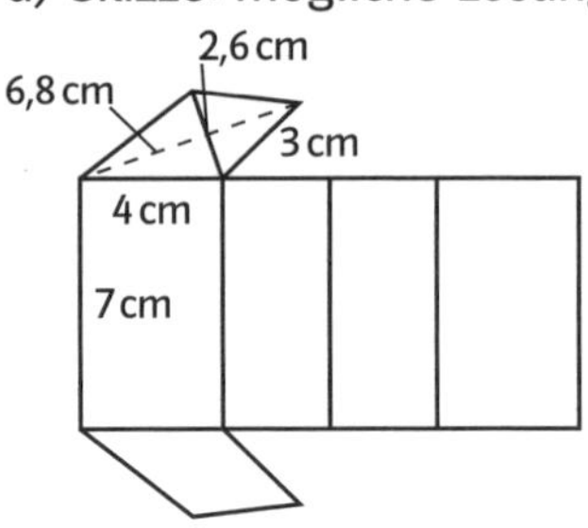

O = 115,68 cm²

e) Skizze:

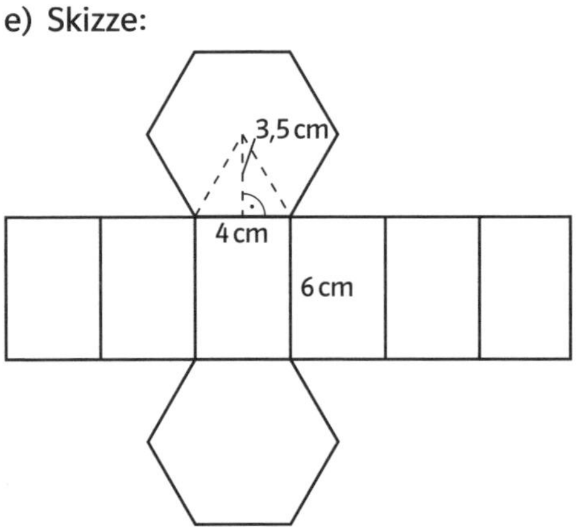

O = 228 cm²

Seite 125

4

	a)	b)	c)	d)	e)
u	12 cm	28 cm	15 cm	20 m	4,4 m
h	8 cm	3,5 cm	7 cm	7,5 m	1,4 m
G	30 cm²	13,5 cm²	40 cm²	50 m²	0,4 m²
M	96 cm²	98 cm²	105 cm²	150 m²	6,16 m²
O	156 cm²	125 cm²	185 cm²	250 m²	6,96 m²

5 Skizzen:

a)

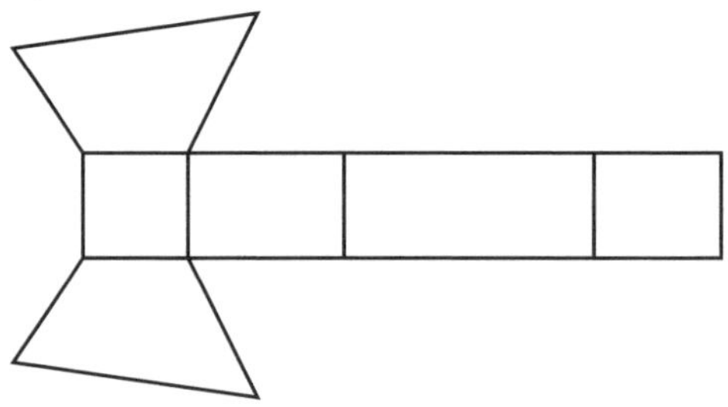

b)

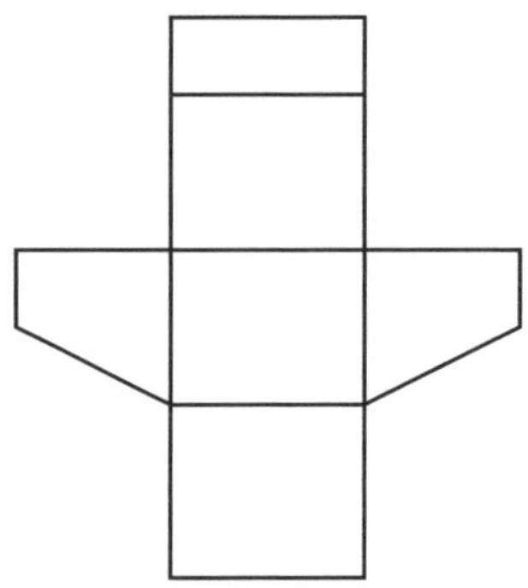

c)

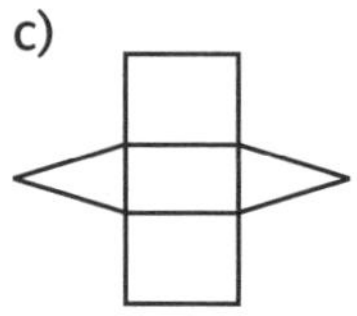

d)

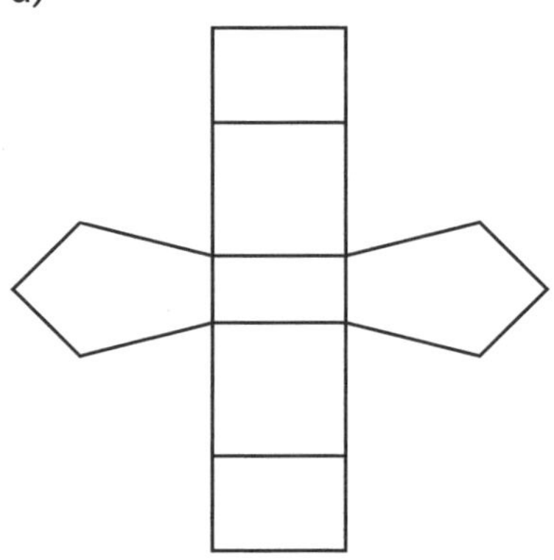

6 a) O = 394,4 cm²   b) O = 912,4 cm²

c) O = 550,4 cm²

7

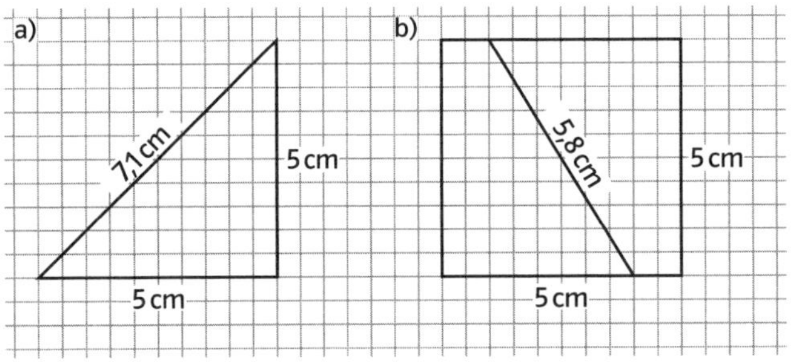

h = 12 cm; u = 17,1 cm;
M = 205,2 cm²
G = 12,5 cm²; O = 230,2 cm²

h = 12 cm; u = 15,8 cm;
M = 189,6 cm²
G = 12,5 cm²;
O = 214,6 cm²

c) Der Schnitt des Quadrates muss möglichst kurz sein, denn dann ist der Umfang u und damit die Mantelfläche M klein. Dies ist der Fall, wenn der Schnitt parallel zu einer Seite des Quadrates liegt und somit 5 cm lang ist.
Zusätzlich muss er in der Mitte zwischen zwei Quadratseiten liegen.
Dann gilt: u = 15 cm, M = 180 cm², O = 205 cm².

3 Schrägbild

Seite 126

Einstiegsaufgabe

➔ Individuelle Lösungen. Die Dreiecke müssen immer gleich groß sein und leicht verschoben gezeichnet werden. Dabei liegen die entsprechenden Seiten der Dreiecke immer parallel zueinander.

➔ Individuelle Lösungen. Man beginnt, indem man zweimal zwei der roten Kanten zu einem Rechteck vervollständigt und ergänzt dann die übrigen Seiten des Quaders. Wiederum ist es wichtig, dass alle neuen Kanten parallel zu den schon vorhandenen roten Kanten liegen.

Seite 127

1 a)

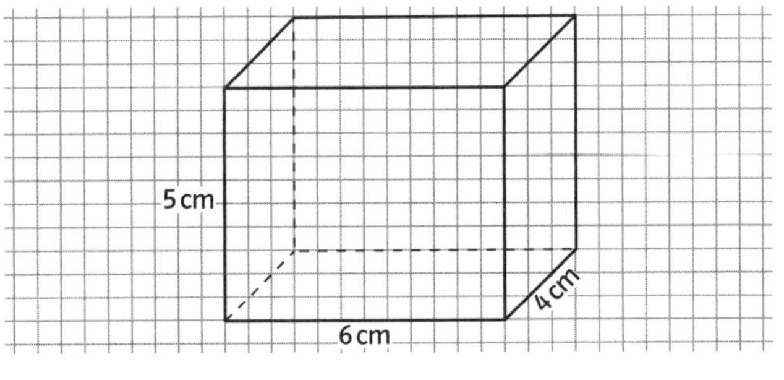

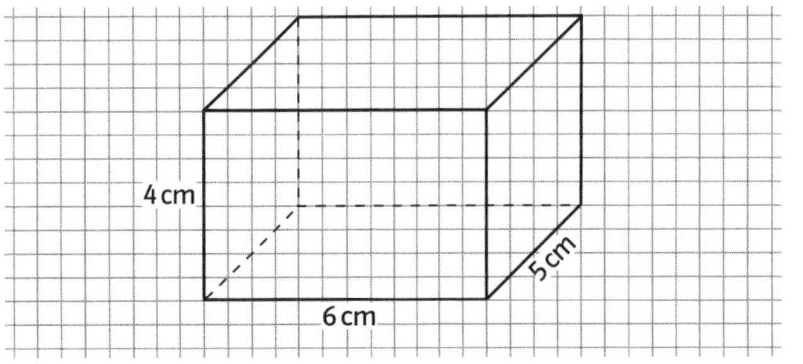

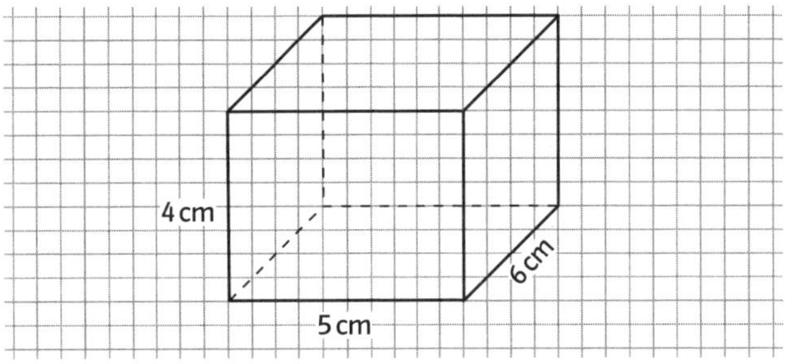

b) und c) Siehe Teilaufgabe a).

2 Schrägbildkonstruktion wie in Beispiel a) von Schülerbuchseite 126.

3 Mögliche Lösungen

a)

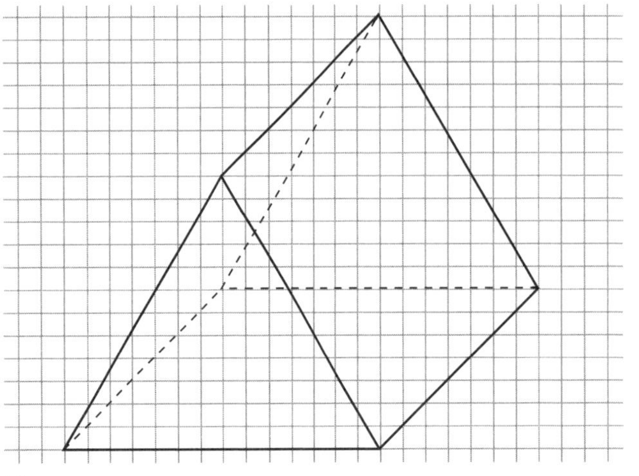

b)

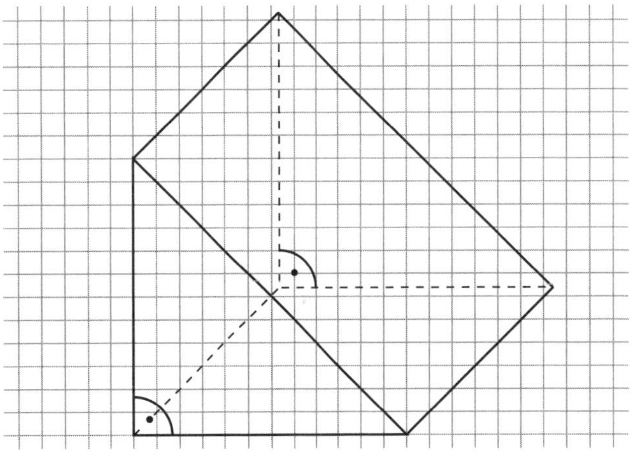

c)

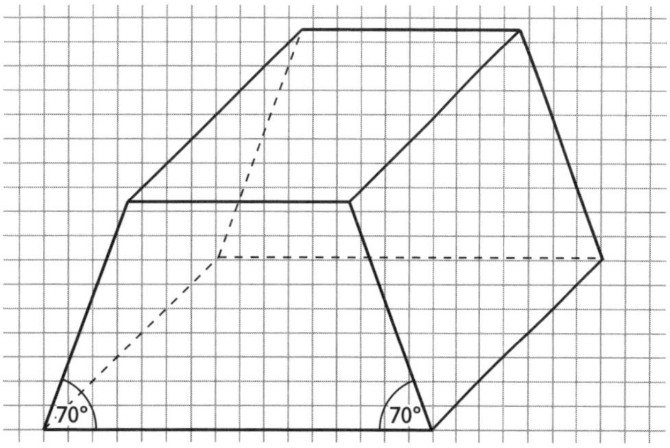

d)

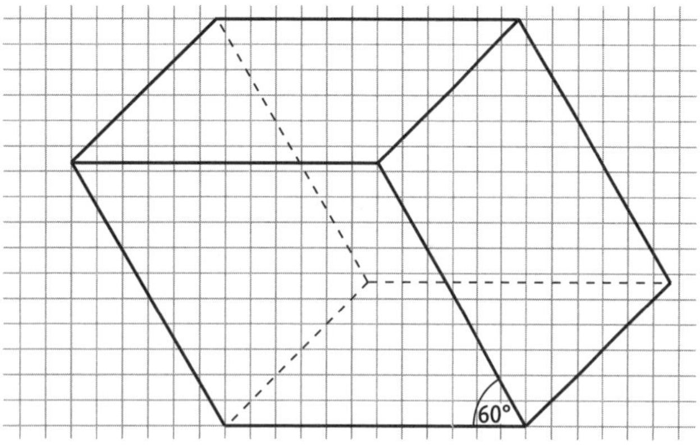

e) mögliche Lösung

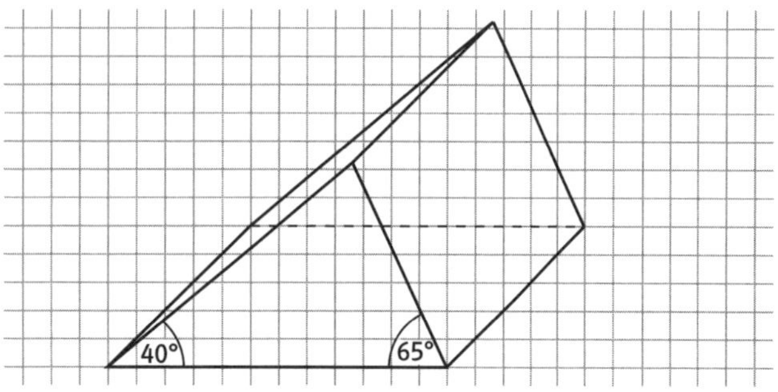

f)

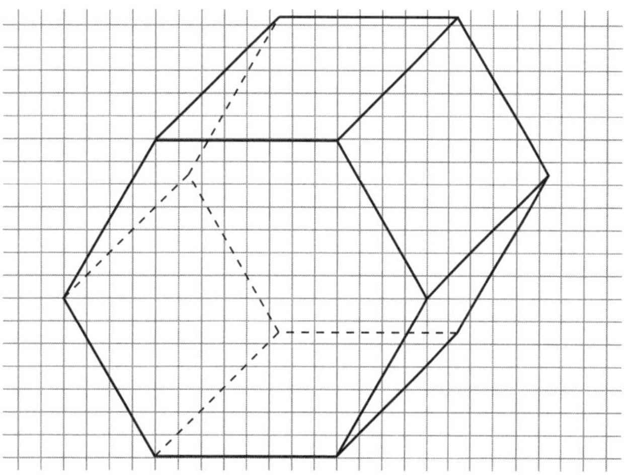

4 Die Grundflächen der einzelnen Körper sehen im Schrägbild wie folgt aus:

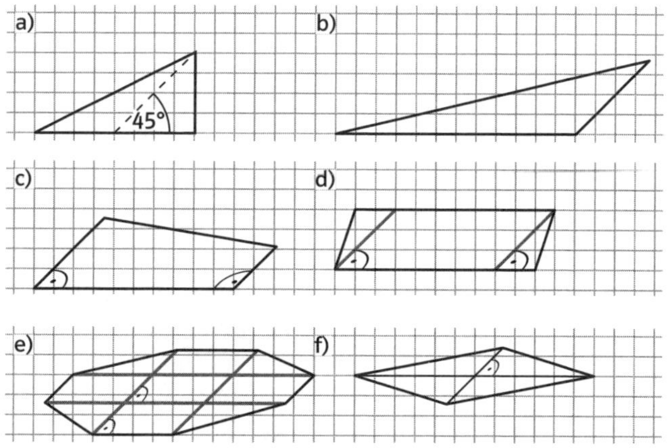

5 a) Individuelle Lösungen. Die Streichholzschachteln können beispielsweise nebeneinander stehen, aufgestapelt liegen oder wie ein umgedrehtes „T" aufgestellt werden.
b) Buchstaben sind z. B. „T", „L", „E", „H", „I", „F".

Randspalte
individuelle Lösungen

Seite 128

Päckchen

- Schnurlänge im Netz: 32 cm; Schnurlänge im Original: 64 cm

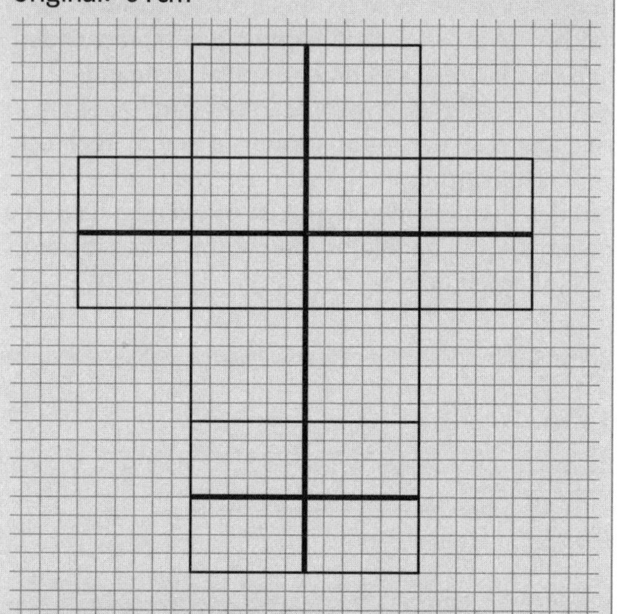

- Im Bild unten links muss man lediglich die beiden eingezeichneten Schnurstücke geradlinig verbinden und ergänzen, so dass eine Gerade entsteht.
- Die beiden Schnurstücke auf der Oberseite laufen parallel. Ebenso laufen dann die Schnurstücke auf der Unterseite parallel.

- Die Schnur wird bei einer Verschiebung an manchen Seiten länger, aber dafür an anderen Seiten genauso viel kürzer, so dass sie insgesamt gleich lang bleibt.
- Individuelle Lösungen. Man kann die anderen Verschnürungen jeweils im Netz einzeichnen und die Länge der Schnur messen.
- 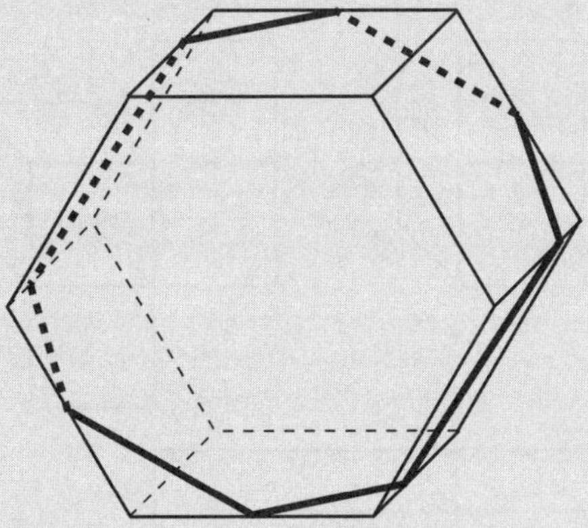
- 

4 Prisma. Volumen

Seite 129

Einstiegsaufgabe

→ 1. Dreiecksprisma: $V = \frac{1}{2} \cdot 3\,cm \cdot 4\,cm \cdot 10\,cm$
$= 60\,cm^3$

Das Volumen des 1. Prismas entspricht dem Volumen des halben Quaders.

2. Dreiecksprisma: $V = 30\,cm^3$

3. Dreiecksprisma: $V = 15\,cm^3$

Seite 130

1 a) $V = 300\,cm^3$ b) $V = 420\,dm^3$
c) $V = 15{,}12\,cm^3$ d) $V = 6750\,dm^3$

2 a) $V = 126\,cm^3$ b) $V = 252\,cm^3$
c) $V = 126\,cm^3$ d) $V = 259\,cm^3$
e) $V = 231\,cm^3$

3 a) $V = 504\,cm^3$ b) $V = 210\,cm^3$
c) $V = 1500\,cm^3$ d) $V = 506{,}25\,cm^3$

4

	a)	b)	c)	d)
G	$40\,cm^2$	$3\,dm^2$	$60\,m^2$	$45\,mm^2$
h	9 cm	4 dm	8,5 m	16 mm
V	$360\,cm^3$	12 l	$510\,m^3$	$720\,mm^3$

5 a) $V = 612\,cm^3$ b) $V = 1080\,cm^3$
c) $V = 2475\,cm^3$ d) $V = 2250\,cm^3$

6 a) $V = 60\,e^3$ b) $V = 36\,e^3$
c) $V = 40\,e^3$ d) $V = 108\,e^3$

Seite 131

7 a) $V = 573{,}5\,m^3$ b) $V = 688{,}2\,m^2$

8 a) $V = 8{,}714\,m^3$ b) $V = 5{,}568\,m^3$
c) Der Inhalt des Containers wiegt 13,071 t.

9 a) linker Stahlträger:
$(0{,}2\,dm \cdot 1{,}8\,dm \cdot 2 + 0{,}2\,dm \cdot 2{,}4) \cdot 60\,dm = 72\,dm^3$
rechter Stahlträger:
$(0{,}3\,dm \cdot 3{,}2\,dm \cdot 2 + 0{,}3\,dm \cdot 1{,}8) \cdot 60\,dm = 147{,}6\,dm^3$
b) Der linke Stahlträger wiegt 561,6 kg, der rechte wiegt 1151,28 kg.

10 $V = 47\,531{,}25\,m^3$

11 a) $V = 3{,}772\,m^3$ b) ca. $2\,m^3$

12 a) $V \approx 6{,}55\,m^3$ b) $O \approx 17{,}41\,m^2$

Seite 132

Das Wasser steigt

- Behälter 1 entspricht Graph F
Behälter 2 entspricht Graph E
Behälter 3 entspricht Graph C
Behälter 4 entspricht Graph D
Behälter 6 entspricht Graph B
Behälter 5 hat keinen entsprechenden Graph, dieser müsste wie Graph D aussehen, nachdem er an der Achse durch den Ursprung und Punkt (1 | 1) gespiegelt ist. Er sieht also aus, als wenn man den Graphen aus B verkleinern und dann den Graphen aus C daransetzen würde.
- Das Volumen des Behälters beträgt $72\,dm^2$ × Länge des Behälters. In den ersten zwanzig Minuten sind $24\,dm^2$ × Länge des Behälters voll gelaufen. Damit der Wasserstand um weitere 4 dm steigt, müssen noch $48\,dm^2$ × Länge des Behälters gefüllt werden. Dies dauert doppelt so lang. Der Füllgraph läuft also als Kurve weiter und endet ungefähr bei (60 | 8).

▪

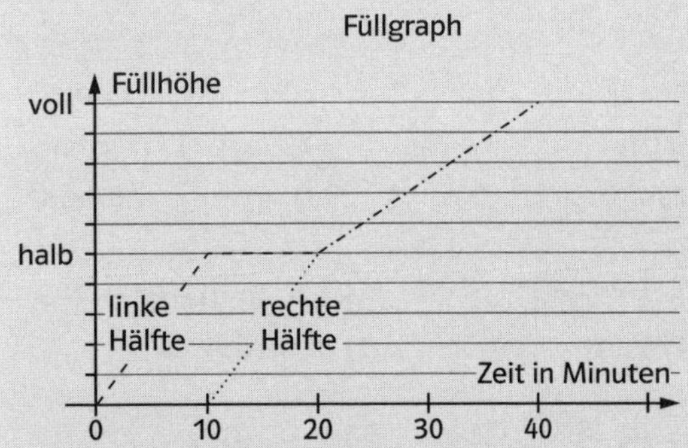

▪ individuelle Lösungen, Beispiel:
Überlege, wie die Graphen aussehen, wenn die Trennwand im linken Viertel steht oder bis zu einem Drittel der Höhe reicht oder wie die Füllgraphen aussehen, wenn man Behälter hat, die aus verschiedenen Quadern zusammengesetzt sind.

5 Zusammensetzen von Körpern

Seite 133

Einstiegsaufgabe

➔ Nur der zweite Körper ist ein Prisma. Man erkennt das besser, wenn man sich ihn auf die Seite gelegt vorstellt. Alle anderen Körper lassen sich durch einen Schnitt in zwei Prismen zerlegen. Bei den oberen beiden Körpern kann man dazu den nach oben ragenden Würfel abschneiden, beim Körper unten rechts kann man den Würfel vorne links abschneiden.

➔ Individuelle Lösungen. Die Oberfläche ist immer dann gleich, wenn die einzelnen Körper an gleich vielen Seiten miteinander verbunden sind.

➔ Es werden noch vier Würfel hinzugefügt, so dass der Körper noch einen Würfel nach oben, nach rechts, nach hinten und noch einmal nach oben „wächst“. Er besteht dann aus vier Prismen.

Seite 134

1 a) Bei vier Würfeln ergeben sich folgende zusammengesetzten Körper:

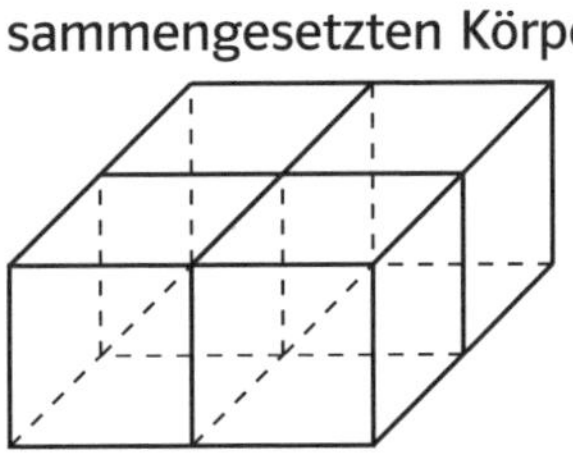

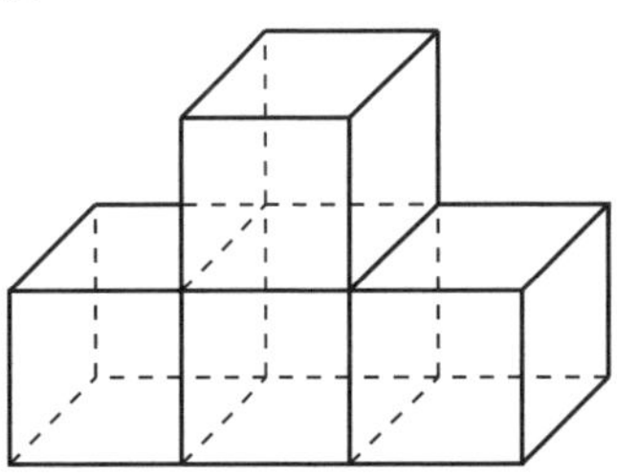

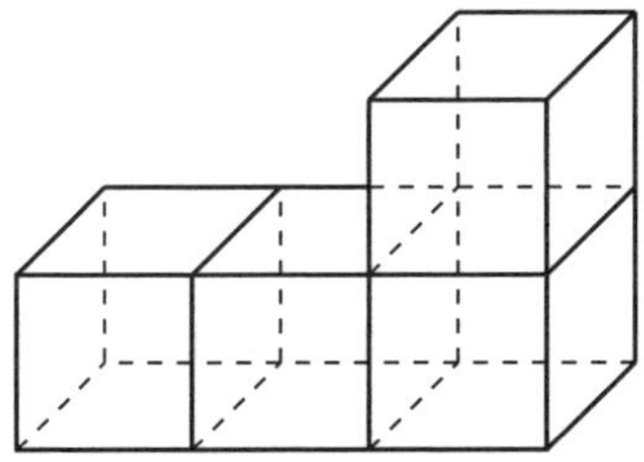

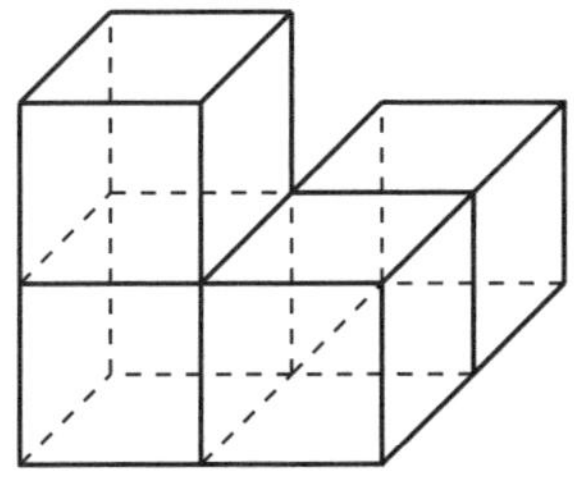

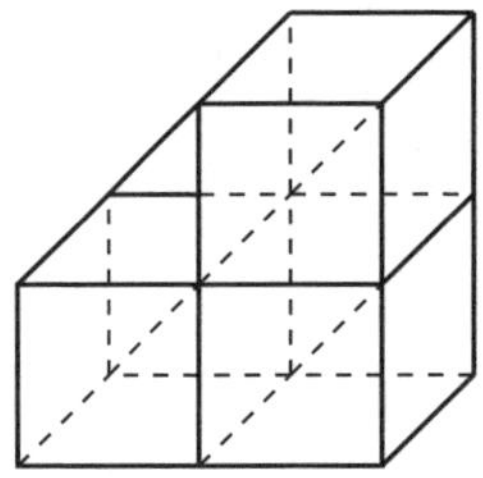

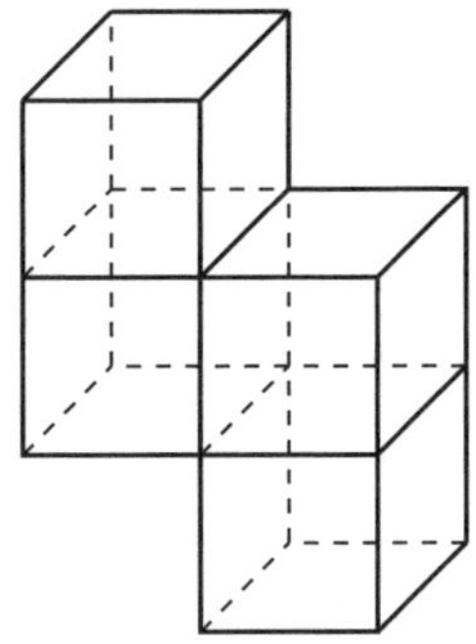

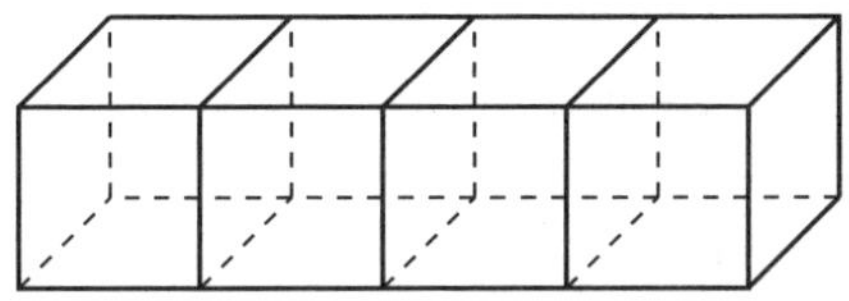

Bei sechs Würfeln gibt es viel mehr Möglichkeiten, von denen vier dargestellt werden:

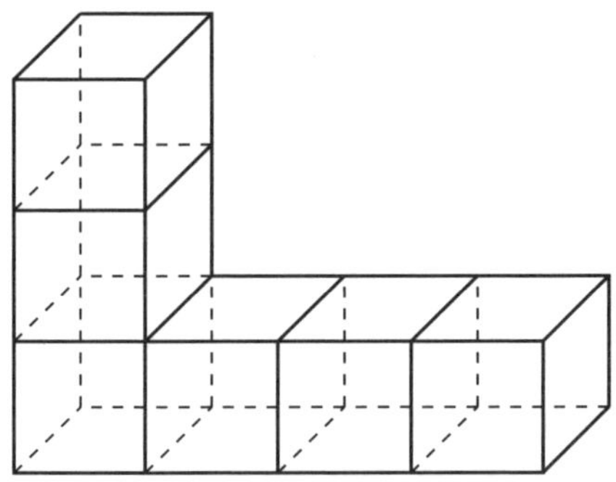

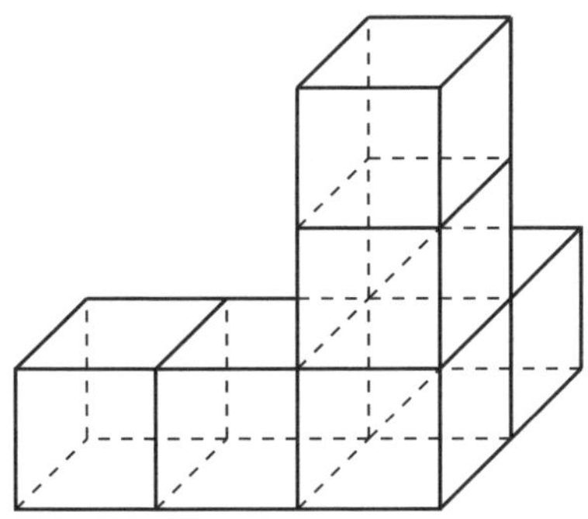

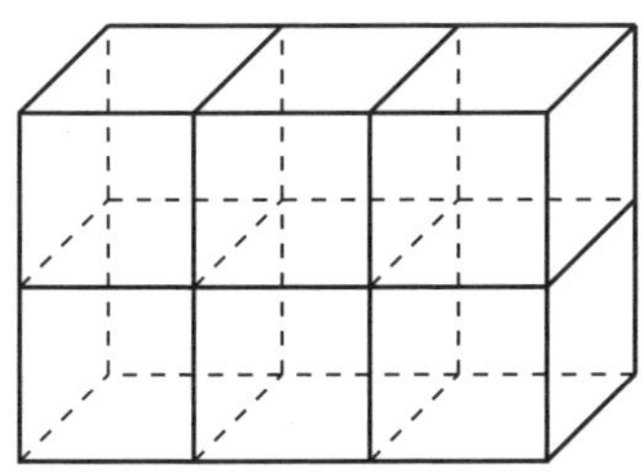

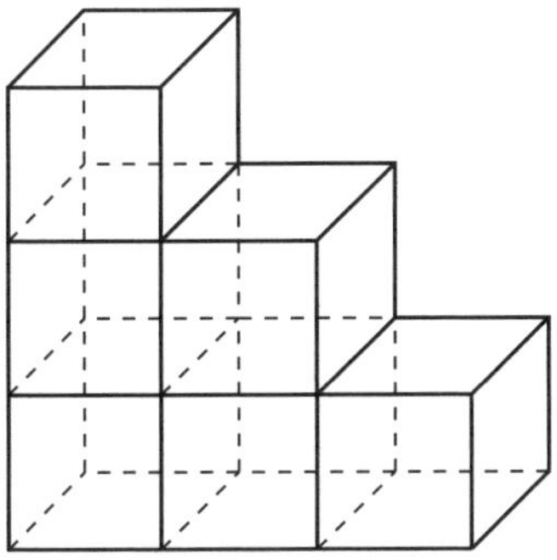

b) für $a = 1\,cm$ gilt:
bei vier Würfeln: $18 \cdot a^2 = 18\,cm^2$ oder $16\,a^2 = 16\,cm^2$
bei sechs Würfeln: $26 \cdot a^2 = 26\,cm^2$ oder $24\,a^2 = 24\,cm^2$ oder $22\,a^2 = 22\,cm^2$

2 a) Individuelle Lösungen
b) mindestens 7 (acht Würfel, bei denen jeder nur an einer Seite mit einem anderen Würfel verbunden ist), höchstens 12 (ein großer Würfel)
c) höchstens $34\,cm^2$ (acht Würfel, bei denen jeder nur an einer Seite mit einem anderen Würfel verbunden ist), mindestens $24\,cm^2$ (ein großer Würfel)
d) $34\,cm^2$, $32\,cm^2$, $30\,cm^2$, $28\,cm^2$, $26\,cm^2$, $24\,cm^2$ (je nach Anzahl der Verbindungsseiten)

3 a) Es entsteht ein Parallelogrammprisma. b)

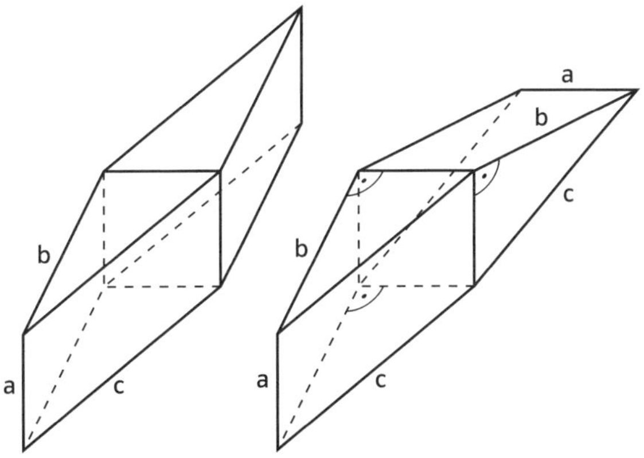

c) Man hat zwei Möglichkeiten, die gleich großen rechteckigen Flächen aneinander zu legen. Als Grundfläche haben diese Körper dann ein Rechteck oder einen Drachen bzw. ein Parallelogramm oder ein großes Dreieck. Für die quadratischen Mantelflächen gibt es insgesamt vier Möglichkeiten. Außerdem kann man die dreieckigen Grundflächen aufeinander setzen.
d) Volumen und Oberfläche sind jeweils gleich groß. Es gilt: $V = 288\,cm^3$; $O = 312\,cm^2$

Seite 135

4 $V = 5964{,}3\,m^3$; $O = 1794{,}3\,m^2$

5 a) Halle: $V = 1108{,}604\,m^3$
Anbau: $V = 323{,}2125\,m^3$; Gesamt: $V \approx 1431{,}82\,m^3$; $O \approx 652{,}33\,m^2$
b) Halle: $V = 948{,}024\,m^3$; Anbau: $V = 255{,}791\,25\,m^3$; Gesamt: $V \approx 1203{,}82\,m^3$
c) Halle: ≈ 14,5 % kleiner; Anbau: ≈ 20,9 % kleiner; Gesamt: ≈ 15,9 %
Da die Halle wesentlich größer als der Anbau ist, ist die prozentuale Verkleinerung des Gesamtinnenvolumens eher in der Nähe der prozentualen Verkleinerung des Innenvolumens der gesamten Halle.

6 Die Häuser haben das gleiche Volumen, aber das linke Haus hat eine etwas größere Oberfläche.
$V_{Quader} = 1165{,}22\,m^3$; $O_{Quader} = 379{,}9\,m^2$
$V_{linkes\ Haus} = V_{rechtes\ Haus} = 1550{,}948\,m^3$
$O_{linkes\ Haus} = 651{,}948\,m^2$; $O_{rechtes\ Haus} = 644{,}82\,m^2$

7 linker Turm: $O = 528\,cm^2$; rechter Turm: $O = 592\,cm^2$

Randspalte
$O_{gesamt} = 6 \cdot A_{grosses\ Quadrat} + 4 \cdot A_{kleines\ Quadrat} = 448\,cm^2$

8 a) Prototyp: Wandflächen (gelbe und blaue Flächen): $O = 54\,m^2$; Dachflächen (orange und rosa Flächen): $O = 35{,}6\,m^2$; Gesamtaußenfläche: $O = 89{,}6\,m^2$
Langhaus: Wandflächen: $O = 126\,m^2$; Dachflächen: $O = 112{,}4\,m^2$; Gesamtaußenfläche: $O = 238{,}4\,m^2$
Speicher: Wandflächen: $O = 108\,m^2$; Dachflächen: $O = 122{,}4\,m^2$; Gesamtaußenfläche: $O = 230{,}4\,m^2$
Duett: Wandflächen: $O = 84\,m^2$; Dachflächen: $O = 71{,}2\,m^2$; Gesamtaußenfläche: $O = 155{,}2\,m^2$
Sierra: Wandflächen: $O = 144\,m^2$; Dachflächen: $O = 142{,}4\,m^2$; Gesamtaußenfläche: $O = 286{,}4\,m^2$
Trio: Wandflächen: $O = 138\,m^2$; Dachflächen: $O = 106{,}8\,m^2$; Gesamtaußenfläche: $O = 244{,}8\,m^2$
b) Individuelle Lösungen

Üben • Anwenden • Nachdenken

Seite 137

1 a) $O = 216\,cm^2$; $V = 144\,cm^3$
b) $O = 350\,cm^2$; $V = 400\,cm^3$

2 a) Weil der Flächeninhalt der Grundfläche von Körper 5 größer als der von Körper 3 ist, die Höhe aber mit 8 cm jeweils gleich.

Bei Körper 2 und 6 sind jeweils die Grundflächen gleich, aber die Höhe von Körper 6 ist größer als die von Körper 2.
b) $V_6 = 36\,cm^3$; $V_2 = 48\,cm^3$; $V_3 = 96\,cm^3$;
$V_5 = 112\,cm^3$; $V_4 = 128\,cm^3$; $V_1 = 144\,cm^3$

3

	a)	b)	c)	d)
u	18 cm	20 dm	20 cm	72 cm
h	36 cm	15 dm	3,5 cm	25 cm
G	216 cm²	5,8 m²	12 cm²	4 dm²
M	648 cm²	3 m²	70 cm²	18 dm²
O	1080 cm²	14,6 m²	94 cm²	26 dm²
V	7776 cm³	8,7 m³	42 cm³	10 dm³

4 Da die Höhe des Prismas immer 9 cm beträgt, wird im Folgenden lediglich die veränderte Grundfläche dargestellt. Die Oberfläche lässt sich daraus leicht errechnen.

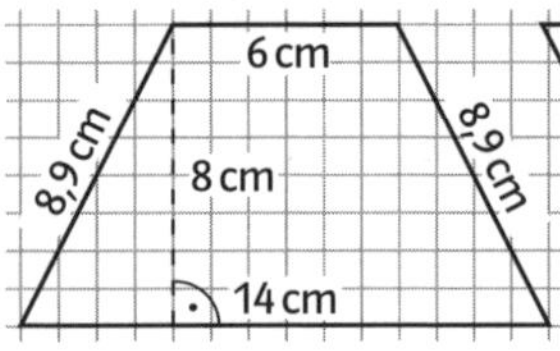

O = 500,2 cm²

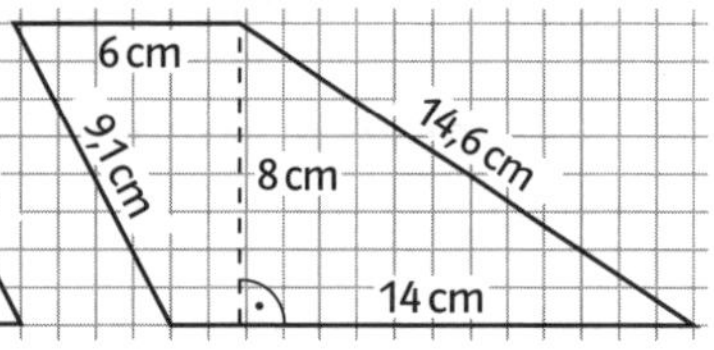

O = 553,3 cm²

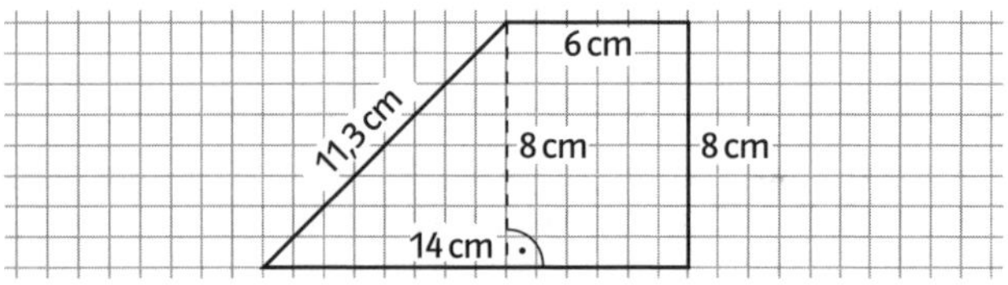

O = 513,7 cm²

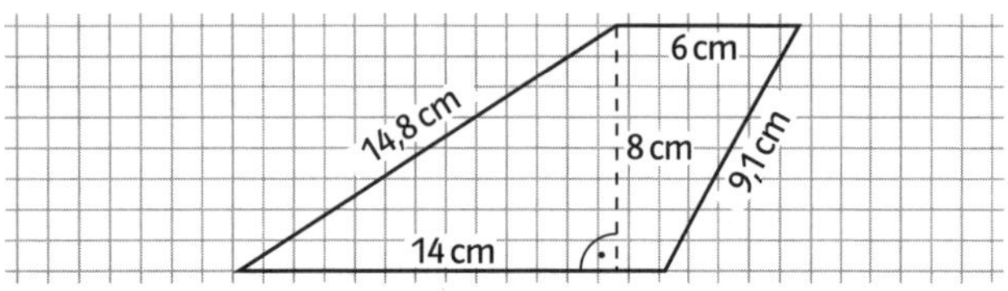

O = 555,1 cm²

Da die Grundfläche (das Trapez) immer denselben Flächeninhalt A = 80 cm² besitzt, haben alle möglichen Prismen auch dasselbe Volumen V = 720 cm³.

5 a) G = 21 cm² → h = 8 cm
b) M = 192 cm² → h = 8 cm

6 a) Man stellt die folgende Gleichung auf und löst nach x auf:
$x \cdot 2x : 2 \cdot 10 + 150 = (x + 1) \cdot (2x + 2) : 2 \cdot 10$
x = 7 cm Das Volumen erhöht sich von 490 cm³ auf 640 cm³.
b) Das Volumen verringert sich um 10 cm³.
c) Das Ergebnis aus Teilaufgabe b) gilt für alle x > 1 cm, da bei 0 cm ≦ x ≦ 1 cm die Höhe gleich null oder negativ würde.

Randspalte
Nein, er hat immer eine kleinere Oberfläche, da die Seiten, die zusammengesetzt werden, bei der Berechnung wegfallen.

Seiten 138 und 139

Optimierung: ...

- individuelle Lösungen
- $V = (a - 2s) \cdot (b - 2s) \cdot s$
  - V = 336 cm³
  - V = 144 cm³
  - V = 484 cm³
  - V = 800 cm³
- Mögliche Lösung als Tabelle oder Graph:

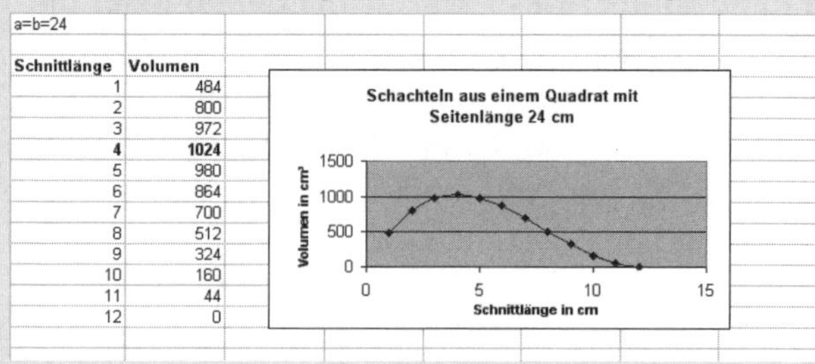

a=b=24

Schnittlänge	Volumen
1	484
2	800
3	972
4	**1024**
5	980
6	864
7	700
8	512
9	324
10	160
11	44
12	0

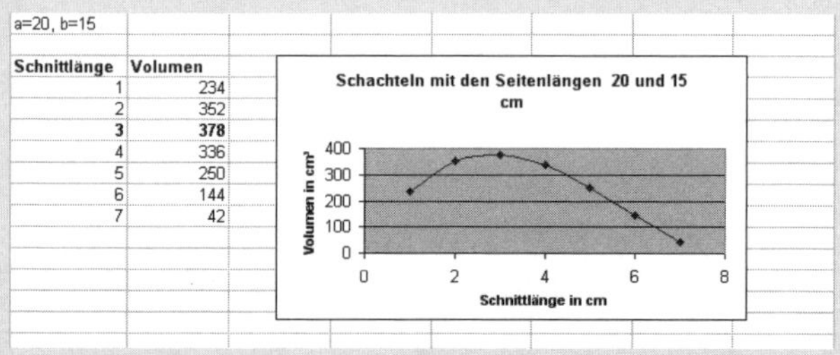

a=20, b=15

Schnittlänge	Volumen
1	234
2	352
3	**378**
4	336
5	250
6	144
7	42

Seite 139

- 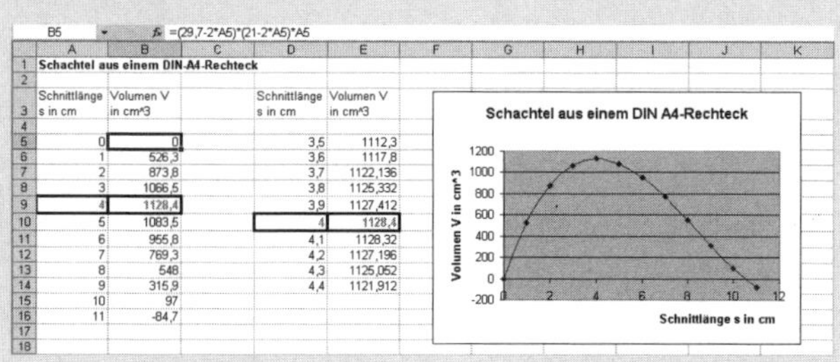

B5 =(29,7-2*A5)*(21-2*A5)*A5

Schachtel aus einem DIN-A4-Rechteck

Schnittlänge s in cm	Volumen V in cm^3	Schnittlänge s in cm	Volumen V in cm^3
0	0	3,5	1112,3
1	526,3	3,6	1117,8
2	873,8	3,7	1122,136
3	1066,5	3,8	1125,332
4	1128,4	3,9	1127,412
5	1083,5	4	1128,4
6	955,8	4,1	1128,32
7	769,3	4,2	1127,196
8	548	4,3	1125,052
9	315,9	4,4	1121,912
10	97		
11	-84,7		

- individuelle Lösungen

▪

fx =(24-2*B8)*(15-2*B8)*B8

B	C	D	E	F
a = 24 cm	**b = 15 cm**			
Schnittlänge s in cm	Volumen V in cm³		Schnittlänge s in cm	Volumen V in cm³
0	0		2,5	475
1	286		2,6	479,024
2	440		2,7	482,112
3	**486**		2,8	484,288
4	448		2,9	485,576
5	350		**3**	**486**
6	216		3,1	485,584
7	70		3,2	484,352
8	-64		3,3	482,328

▪

a = 20 cm	**b = 15 cm**			
Schnittlänge s in cm	Volumen V in cm³		Schnittlänge s in cm	Volumen V in cm³
0	0		2,5	375
1	234		2,6	377,104
2	352		2,7	378,432
3	**378**		**2,8**	**379,008**
4	336		2,9	378,856
5	250		3	378
6	144		3,1	376,464
7	42		3,2	374,272
8	-32		3,3	371,448

a = 28 cm	**b = 25 cm**			
Schnittlänge s in cm	Volumen V in cm³		Schnittlänge s in cm	Volumen V in cm³
0	0		3,5	1323
1	598		3,6	1332,864
2	1008		3,7	1341,472
3	1254		3,8	1348,848
4	**1360**		3,9	1355,016
5	1350		4	1360
6	1248		4,1	1363,824
7	1078		4,2	1366,512
8	864		4,3	1368,088
9	630		**4,4**	**1368,576**
10	400		4,5	1368
11	198		4,6	1366,384
12	48		4,7	1363,752
13	-26		4,8	1360,128

fx =(27-2*B9)^2*B9

B	C	D	E	F	G
a = 27 cm					
Schnittlänge s in cm	Volumen V in cm³		Schnittlänge s in cm	Volumen V in cm³	
0	0		4,1	1449,104	
1	625		4,2	1453,032	
2	1058		4,3	1455,808	
3	1323		4,4	1457,456	
4	1444		**4,5**	**1458**	
5	**1445**		4,6	1457,464	
6	1350		4,7	1455,872	
7	1183		4,8	1453,248	
8	968		4,9	1449,616	
9	729		5	1445	
10	490				
11	275				
12	108				
13	13				

a = 18 cm					
Schnittlänge s in cm	Volumen V in cm³		Schnittlänge s in cm	Volumen V in cm³	
0	0		2,5	422,5	
1	256		2,6	425,984	
2	392		2,7	428,652	
3	**432**		2,8	430,528	
4	400		2,9	431,636	
5	320		**3**	**432**	
6	216		3,1	431,644	
7	112		3,2	430,592	
8	32		3,3	428,868	
9	0		3,4	426,496	

a = 20 cm					
Schnittlänge s in cm	Volumen V in cm³		Schnittlänge s in cm	Volumen V in cm³	
0	0		2,8	580,608	
1	324		2,9	584,756	
2	512		3	588	
3	**588**		3,1	590,364	
4	576		3,2	591,872	
5	500		**3,3**	**592,548**	
6	384		3,4	592,416	
7	252		3,5	591,5	
8	128		3,6	589,824	
9	36				
10	0				

▪ Eine Schachtel mit quadratischer Grundfläche ist am größten, wenn $s = \frac{a}{6}$

▪ individuelle Lösungen

▪ Für a = 72 cm und b = 27 cm ist die Schachtel mit s = 6 cm am größten. Sie hat ein Volumen von $5400\,cm^3$ und eine Innenfläche von $1800\,cm^2$, was einem Preis von 1800 € entspricht.
Für a = b = 42 cm ist die Schachtel mit s = 7 cm am größten. Sie hat ein Volumen von $5488\,cm^3$ und eine Innenfläche von $1568\,cm^2$, was einem Preis von 1568 € entspricht.
Obwohl das Volumen der quadratischen Schachtel größer ist, ist die Innenfläche kleiner.

Seite 140

7 a) Es ergeben sich leicht unterschiedliche Flächenwerte für die jeweiligen Querschnitte. Dies liegt daran, dass es sich beim echten Querschnitt nicht um ein richtiges Trapez handelt, das unseren Berechnungen zugrunde liegt.
Urquerschnitt: $A = 399{,}15\,m^2$
Erweiterung 1914: $A = 805{,}75\,m^2$
Erweiterung 1966: $A = 1386\,m^2$
b) $0{,}001353\,km^2 \cdot 98{,}7\,km = 0{,}1335411\,km^3$
c) Die Steigung beträgt ungefähr 1,1428 % = 11,428 ‰.

8 a) $A_{S30} \approx 40\,cm^2$
b) $4 \cdot 7{,}8\,kg = 31{,}2\,kg$ → Angabe des Herstellers entspricht also der Wahrheit.
c) $A_{R65} \approx 85\,cm^2$; $8{,}5 \cdot 7{,}8\,kg = 66{,}3\,kg$ → Angabe des Herstellers entspricht also der Wahrheit.
d) S 30-Schienen auf 300 m wiegen mindestens 9360 kg ≈ 9 t.

7 Prozent- und Zinsrechnen

Auftaktseite: Prozente, Prozente ...

Seite 142

Alles Sonderangebote

- Bei Sport & Fit sollte man das Sweatshirt und die Schuhe kaufen, bei FUNSPORT die Hose und den Hometrainer, weil die Preise dort jeweils die günstigsten sind (vorausgesetzt, die Qualität der Produkte ist gleichwertig).

Interessantes aus der Zeitung

- Züricher Zeitung, Schnellfahrer: „Jeder fünfte Autofahrer" bedeutet, dass einer von fünf Fahrern, also $\frac{1}{5}$ aller Fahrer, zu schnell ist. Dies entspricht einem Prozentsatz von 20%, nicht 5%.
- Züricher Zeitung, Sport: „Jeder 15. Zuschauer" bedeutet einer von 15 Zuschauern, also $\frac{1}{15}$ (ca. 6,7%). Der Mittelstürmer bekäme also mit seiner Forderung nur etwa die Hälfte von dem, was er bekommen würde, wenn er 12% bekäme.
- Extra-Blatt: Ein Rückgang der Preise um 100% bedeutet einen Preis von Null. Vermutlich ist hier eine Halbierung des Preises gemeint, also ein Rückgang um 50%.
- Tagesstern: Die Preiserhöhung von 28€ auf 56€ ist eine Preisverdopplung, also eine Erhöhung um 100% und nicht nur um 50%, wie in der Überschrift behauptet.
- Der Morgen: Wenn jeder neunte Befragte zufrieden ist, so entspricht dies einem Anteil von $\frac{1}{9}$, bzw. von rund 11,11%. Somit ist fragwürdig, ob dieses Ergebnis das beste der letzten zehn Jahre ist.

1 Grundwert. Prozentwert. Prozentsatz

Seite 144

Einstiegsaufgabe

→ individuelle Lösung

Seite 145

1 a) 235,20€ b) 282,60kg c) 0,39m

2 a) 35% b) 32% c) 31,5%

3 a) 480kg b) 7000g c) 1200€

4 a)

Kreisdiagramm Verkehrsmittel

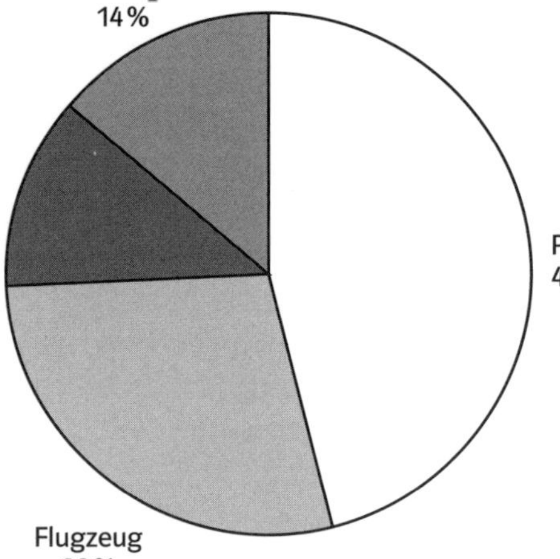

b) PKW: 6440000, Flugzeug: 3920000, Bahn: 1680000, Sonstige: 1960000

c) individuelle Lösung

5 a) Von Montag bis Donnerstag wird in etwa der gleiche Umsatz gemacht. Freitags und samstags werden die umfangreicheren Wochenendeinkäufe getätigt.

b) Montag: 12672500€, Dienstag: 12025000€, Mittwoch: 12025000€, Donnerstag: 13690000€, Freitag: 17760000€, Samstag: 24327500€.

c)

Kreisdiagramm Umsatz

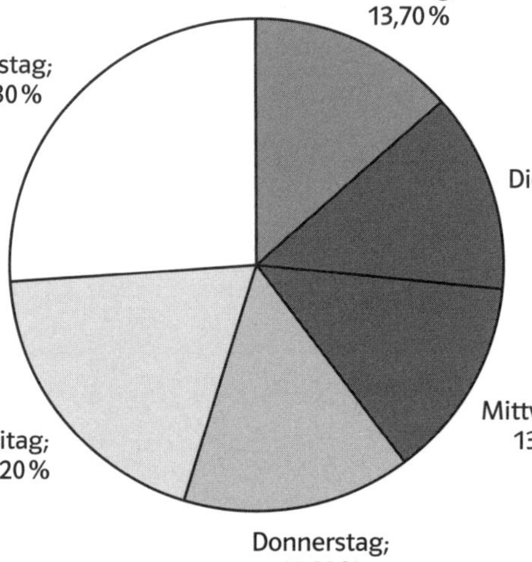

6 individuelle Lösungen

7 a) individuelle Lösung
b) Kfz-Mechatroniker: 108 800
Kaufmann im Einzelhandel: 86 400
Industriemechaniker: 44 800
IT-System-Elektroniker: 41 600
Industriekaufmann: 38 400
c) Die Werte sind auf zwei Nachkommastellen gerundet.
Arzthelferin: 24,44 % ≈ 24 %
Kauffrau im Einzelhandel: 23,74 % ≈ 24 %
Bürokauffrau: 22,21 % ≈ 22 %
Friseurin: 17,39 % ≈ 17 %
Mediengestalterin: 12,22 % ≈ 12 %
Es ist auffällig, dass die weiblichen Bewerber andere Berufswünsche als die männlichen Bewerber haben. Der einzige Beruf, der von beiden Gruppen angegeben wurde, ist der des Kaufmanns / der Kauffrau im Einzelhandel. Dieser ist bei den männlichen Bewerbern noch etwas beliebter (27 %) als bei den weiblichen (24 %).

Kreisdiagramm Berufswunsch

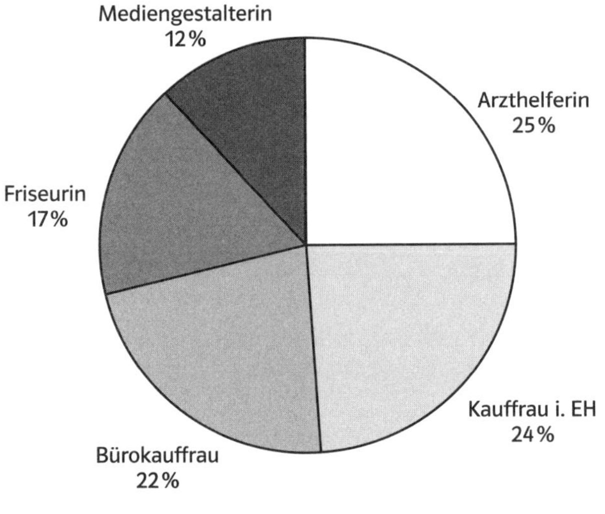

Seite 146

Promille

- Die Alkoholmenge in einer Flasche Alkopop beträgt nach der Formel 12,1 g. Somit enthalten drei Flaschen insgesamt 36,3 g Alkohol.
- C ≈ 0,807 Promille.
- Bei gleich bleibender Menge steigt die Alkoholkonzentration mit sinkendem Gewicht. Mit steigendem Körpergewicht sinkt sie (bei gleich bleibender Menge). Bei gleich bleibendem Körpergewicht steigt die Konzentration bei steigendem Alkoholkonsum. Sinkt die Menge, so sinkt auch die Alkoholkonzentration (bei gleichem Körpergewicht).
- In seinem Blut befand sich 106,4 g Alkohol. Nach der Formel hat er also etwa 7 Gläser Bier à 0,4 l getrunken.
- Alkoholgehalt verschiedener alkoholischer Getränke: Rotwein 11 %–13 %, Weißwein 9 %–11 %, Schnaps 45 %

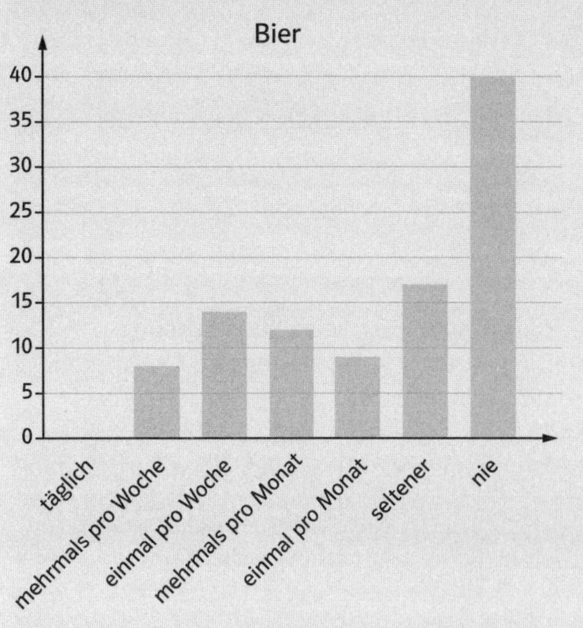

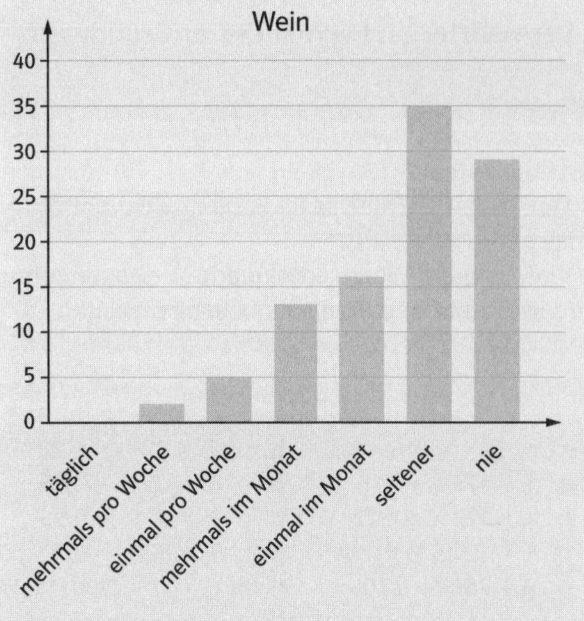

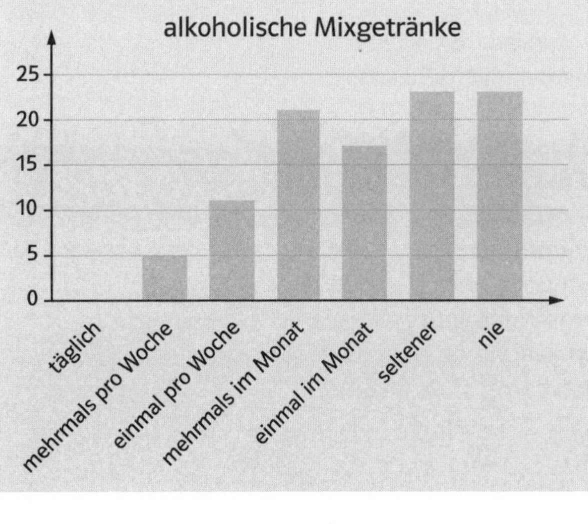

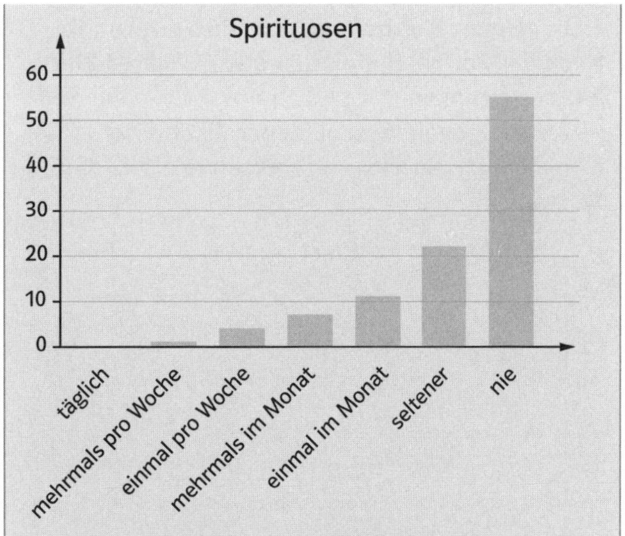

- Datensammlung: individuelle Lösung
- Die Fahrtüchtigkeit ist gegen 5 Uhr wieder hergestellt, „nüchtern" ist die Person gegen 8 Uhr.
- Je geringer der Abbauwert, desto länger dauert es, bis die Fahrtüchtigkeit und Nüchternheit wieder hergestellt ist.

2 Vermehrter und verminderter Grundwert

Seite 147

Einstiegsaufgabe

➔ Florian hat Recht. Das Bedienungsgeld beträgt 30 ct.

➔ In dem Preis für die Schokolade in dem anderen Cafe sind rund 27 ct Bedienungsgeld enthalten.

Seite 148

1 a) $p^+\% = 130\% = 1{,}3$ b) $p^-\% = 98\% = 0{,}98$
c) $p^+\% = 119\% = 1{,}19$ d) $p^-\% = 65\% = 0{,}65$
e) $p^+\% = 122\% = 1{,}22$ f) $p^-\% = 95\% = 0{,}95$
g) $p^+\% = 104{,}5\% = 1{,}045$ h) $p^-\% = 92\% = 0{,}92$
i) $p^-\% = 75\% = 0{,}75$ j) $p^+\% = 133{,}33\% = 1{,}33$

2 Einrad: $G^- = 120$ €
Skistock: $G^- = 30{,}40$ €
Basketball: $G^- = 10$ €
Fußball: $G^- = 9{,}60$ €
Inliner: $G^- = 88$ €
Tennisbälle: $G^- = 8{,}16$ €
Schirmmütze: $G^- = 20$ €
Tennisschläger: $G^- = 79{,}20$ €
Turnschuhe grün: $G^- = 36$ €
Turnschuhe orange: $G^- = 48$ €
Reitstiefel: $G^- = 68{,}80$ €

3 a) $G+ = 399$ € b) $G^- = 192$ hl
c) $G^+ = 84{,}70$ kg d) $G^- = 110{,}88$ €
e) $G^+ = 56\,367{,}6$ km f) $G^- = 127{,}57$ kg

4 geschätzt: individuelle Lösung
Heimtrainer: 20 %
Autoradio: 27,4 %
Laufband: 41,7 %
Trampolin: 20 %
Crosstrainer: 16,7 %

5 Einerseits hat der Großmarkt Recht.
Beispiel: Ein DVD-Player kostet 120,00 € ohne Mehrwertsteuer. Mit dieser würde er dann $120{,}00\,€ \cdot 1{,}19 = 142{,}80\,€$ kosten. Nach den versprochenen 19 % Rabatt kostet der DVD-Player nur noch $(142{,}80\,€ \cdot 0{,}81)$ 115,67 €. Der Kunde spart also, wenn der Großmarkt den Rabatt auf diese Weise berechnet, sogar noch mehr $(1{,}19 \cdot 0{,}81 \approx 0{,}964\,€)$.
Wenn der Großmarkt allerdings einfach den Nettopreis (120,00 €) als Endpreis setzt, dann spart der Kunde $120{,}00\,€ : 142{,}80\,€ \approx 0{,}84$, also nur knapp 16 % und nicht wie versprochen 19 %.
Andererseits hat der Großmarkt mit seiner Anzeige natürlich überhaupt nicht Recht: Denn er selbst muss die Mehrwertsteuer natürlich abführen – unabhängig davon, wie er sie berechnet. Hier zählt dann der Endpreis, den der Kunde zahlt, und dieser entspricht dann 119 %. Entsprechend wird die Mehrwertsteuer errechnet.

Seite 149

Alles immer billiger! Fast geschenkt!

- Die zweite Reduzierung um 50 % wird auf den neuen, bereits reduzierten Preis gerechnet, man spart also insgesamt 75 %.
- Das stimmt beinahe. Der wirksame Prozentsatz beträgt dann $1{,}1 \cdot 0{,}9 = 0{,}99 = 99\%$.
Beispiel: $G = 100$ €, $G^+ = 110$ €, $G^- = 99$ €.
- 10 %: $p^-\% = 1{,}1 \cdot 0{,}9 = 0{,}99 = 99\%$
20 %: $p^-\% = 1{,}2 \cdot 0{,}8 = 0{,}96 = 96\%$
30 %: $p^-\% = 1{,}3 \cdot 0{,}7 = 0{,}91 = 91\%$
x %: $p^-\% = (100 + x)\% \cdot (100 - x)\%$
- Der alte Preis beträgt insgesamt 386,40 €. Der neue, reduzierte Gesamtpreis beträgt 294,46 €. Man spart insgesamt natürlich nicht 100 %, denn die einzelnen Prozentsätze beziehen sich auf unterschiedliche Grundwerte.
- Der Großvater hat nicht Recht. Eine Preissteigerung um 500 % führt zu einem veränderten Prozentsatz von $p^+\% = 100\% + 500\% = 600\%$.

6 a) Der Preis ohne Rabatt betrug 200 €.
b) Die Jacke kostete 98 €, Sarah muss dafür 95,06 € bezahlen.
c) Der Drucker ist um rund 17 % teurer geworden.

7 Der Unterschied beträgt 14,99 €.

8 a) Der Preis ohne Mehrwertsteuer und Rabatt beträgt 839,50 €.
b) Wird nur Skonto von 3 % abgezogen, kostet der Flachbildschirm 969,03 €, dies entspricht einer Preisänderung um 69,93 €.

9 a) In der Musikhalle kostet die Anlage 726,53 €, bei Happy music müsste Sinje 759,51 € (= 783,00 € – 23,49 €) bezahlen.
b) Der Preis für das Gerät in der Musikhalle ist um 4,3 % niedriger als bei Happy music.
c) Die Mehrwertsteuer auf den Normalpreis beträgt in der Musikhalle 119,59 €, bei Happy music sind es 125,02 €.

10 Beim Trekkingbike macht der gesparte Betrag 33,4 % aus, beim MTB-Fully sind es 22,3 %.

3 Zinsrechnung

Seite 150

Einstiegsaufgabe
➔ Bianca könnte den Betrag auf einem sog. Tagesgeldkonto anlegen oder einen Sparvertrag abschließen.
➔ Legt man Geld bei einer Bank an, so erhält man Zinsen.
➔ Man kann das Geld auf ein Konto oder ein Sparbuch einzahlen, man kann festverzinsliche Wertpapiere kaufen, in Aktien investieren oder sich an Fonds beteiligen.

Seite 151

1 a)

Kapital	400 €	650 €	275 €
Zinsen	10 €	16,25 €	6,88 €
Neuer Kontostand	410 €	666,25 €	281,88 €

b)

Kapital	756 €	1345 €	992,40 €
Zinsen	79,38 €	141,23 €	104,20 €
Gesamtbetrag	835,38	1486,23 €	1096,60 €

2 a)

Zinssatz	1,5 %	1,75 %	2 %	2,25 %	2,5 %
Zinsen	7,50 €	8,75 €	10 €	11,25 €	12,50 €

b) Bei einem Zinssatz von 8,5 % zahlt man 425 € Zinsen, bei einem Zinssatz von 10,75 % sind es 537,50 € Zinsen. Die Differenz beträgt 112,50 €.

3

Zinsen	5 €	4,50 €	7,50 €	11,38 €
Kapital	200 €	180 €	300 €	455,20

4 Zinsen in Höhe von 212,50 € entsprechen einem Zinssatz von 4,25 %, Zinsen von 235 € entsprechen 4,7 % und 250 € Zinsen entsprechen einem Zinssatz von 5 %.

5 Sie muss zu Beginn des Jahres 1946,47 € anlegen, um bei einem Zinssatz von 2,75 % auf 2000 € zu kommen.

6 Bei der Bank mit dem geringeren Zinssatz kann sie sich 1250 € leihen, bei der Bank mit dem Zinssatz 8,75 % sind es nur 1142,86 €.

7 Frau Beck erhält 3 % Zinsen, ihr Mann nur 2 %. Wenn Herr Beck sein Geld auch bei der Bank seiner Frau anlegt, erhält er 75 € Zinsen.

Seite 152

Sparen und Leihen i

- individuelle Lösungen
- Stand 12/2005: 1 % bis 1,5 %, abhängig von der Höhe der Spareinlage

- Man ist erst mit 18 Jahren geschäftsfähig, erst dann kann man sich Geld bei der Bank leihen.
- Wichtig sind ein regelmäßiges Einkommen, Sicherheiten oder Bürgschaften.
- Die Banken kaufen mit dem Zins für das Guthaben der Kunden das Geld ein, das sie an andere Kunden verleihen. Um Gewinn zu erzielen, muss der Kreditzins höher sein als der Guthabenzins.
- Die Bank kann längerfristig mit dem Geld arbeiten (s. o.)

8 a) Bei der ersten Bank ist der Zinssatz geringer, aber man hat eine fixe Gebühr von 400 €. Bei der zweiten Bank ist diese Gebühr vom Kreditbetrag abhängig. Je niedriger / höher der Kreditbetrag, desto niedriger / höher ist auch die Gebühr. Der Zinssatz der zweiten Bank ist etwas höher.
b) Nach einem Jahr muss man bei der ersten Bank insgesamt 11 250 € zurückzahlen, bei der zweiten Bank sind es 11 100 €. Das heißt trotz des höheren Zinssatzes ist das Angebot der zweiten Bank bei einem 10 000-€-Kredit günstiger.

9 a) Eurobank: p % = 8,5 %, Stadtbank: p % = 9 %, Firma: p % = 8,75 %.
b) Das Angebot der Eurobank ist am günstigsten, da der Zinssatz dort am geringsten ist.
c) Die Zinsen betragen 850 €.

10 a) 20 000 €-Kredit: p % = 5 %
10 000 €-Kredit: p % = 5,5 %
15 000 €-Kredit: p % = 6 %
b) Ein Gesamtkredit über 45 000 € mit einem Zinssatz von 5,5 % bedeutet Zinsen in Höhe von 2475 €. Das sind 25 € mehr als bei den Einzelkrediten. Familie Hartmann sollte dieses Angebot ablehnen.
c) Geht man davon aus, dass die Familie sich nicht auf das Angebot der Bank einlässt, ergibt sich Folgendes: Zinsen: 2450,00 €, Kreditrückzahlung: 900,00 €, Gesamtbelastung: 3350,00 €. Geht sie auf das Angebot ein, sind es 2475,00 € Zinsen, 900,00 € Rückzahlung und somit insgesamt 3375,00 €.
d) Wenn die Familie die drei einzelnen Kredite annimmt, ergibt sich folgendes Bild (Angaben in €):

Kredit 1

	Restkredit	Zinsen	Abtrag	Gesamtbelastung	Restkredit
1. Jahr	20 000,00	1000,00	400,00	1400,00	18 600,00
2. Jahr	18 600,00	930,00	400,00	1330,00	17 270,00
3. Jahr	17 270,00	863,50	400,00	1263,50	16 006,50
4. Jahr	16 006,50	800,33	400,00	1200,33	14 806,18
5. Jahr	14 806,18	740,31	400,00	1140,31	13 665,87
6. Jahr	13 665,87	683,29	400,00	1083,29	12 582,57

Kredit 2

	Restkredit	Zinsen	Abtrag	Gesamtbelastung	Restkredit
1. Jahr	10 000,00	550,00	200,00	750,00	9250,00
2. Jahr	9 250,00	508,75	200,00	708,75	8541,25
3. Jahr	8 541,25	469,77	200,00	669,77	7871,48
4. Jahr	7 841,48	432,93	200,00	632,93	7238,55
5. Jahr	7 238,55	398,12	200,00	598,12	6640,43
6. Jahr	6640,43	365,22	200,00	565,22	6075,21

Kredit 3

	Restkredit	Zinsen	Abtrag	Gesamtbelastung	Restkredit
1. Jahr	15 000,00	900,00	300,00	1200,00	13 800,00
2. Jahr	13 800,00	828,00	300,00	1128,00	12 672,00
3. Jahr	12 672,00	760,32	300,00	1060,32	11 611,68
4. Jahr	11 611,68	696,70	300,00	996,70	10 614,98
5. Jahr	10 614,98	636,90	300,00	936,90	9 678,08
6. Jahr	9 678,08	580,68	300,00	880,68	8 797,40

Summe der Belastungen

	Kredit 1	Kredit 2	Kredit 3	Gesamttilgung
1. Jahr	1400,00	750,00	1200,00	3350,00
2. Jahr	1330,00	708,75	1128,00	3166,75
3. Jahr	1263,50	669,77	1060,32	2993,59
4. Jahr	1200,33	632,93	996,70	2829,96
5. Jahr	1140,31	598,12	936,90	2675,33
6. Jahr	1083,29	565,22	880,68	2529,20

Wenn die Familie jedoch das Angebot der Bank (ein einziger Kredit zu einem einheitlichen Zinssatz) annimmt, ergeben sich folgende Rückzahlungen (alle Angaben in €):
Gesamtkredit (Angebot der Bank)

	Kredit	Zinsen	Abtrag	Gesamtbelastung	Restkredit
1. Jahr	45 000,00	2475,00	900,00	3375,00	41 625,00
2. Jahr	41 625,00	2289,38	900,00	3189,38	38 435,63
3. Jahr	38 435,63	2113,96	900,00	3013,96	35 421,67
4. Jahr	35 421,67	1948,19	900,00	2848,19	32 573,47
5. Jahr	32 573,47	1791,54	900,00	2691,54	29 881,93
6. Jahr	29 881,93	1643,51	900,00	2543,51	27 338,43

4 Monatszinsen. Tageszinsen

Seite 153

Einstiegsaufgabe
→ Der von der Bank angegebene Zinssatz ist ein sogenannter Jahreszinssatz. Er wird von der Bank gewährt, wenn die Spareinlage ein ganzes Jahr auf der Bank liegt. Da Natalies Geld aber nur ein halbes Jahr lang verzinst wurde, bekommt sie nur die Hälfte der Zinsen.

Seite 154

1 a) Z = 23,92 € b) Z = 38 €
c) Z = 75 €

2 a) K = 600 € b) K = 306,82 €

3 a) p% = 6% b) p% = 10,83%
c) p% = 4,5%

4 a) $i = \frac{3}{4}$ (Jahr) = 9 Monate
b) t = 210 (Tage) c) t = 137 (Tage)

5 $K = \frac{Z \cdot 100}{p \cdot i}$ $p = \frac{Z \cdot 100}{K \cdot i}$ $i = \frac{Z \cdot 100}{K \cdot p}$
$m = \frac{Z \cdot 1200}{K \cdot p}$ $t = \frac{Z \cdot 36\,000}{K \cdot p}$

6 Z = 12,83 €
p% = 3,2%
K = 355,43 €
t = 23 (Tage)

7 p% = 2,75%
Marion erhält 35,52 € Zinsen.

Seite 155

Rechnen mit dem Computer

- Individuelle Lösung
- Zins für den Zeitraum vom 20.7. bis 3.8.: 1,07 €

Zins für den Zeitraum vom 26.8. bis 5.9.: 3,93 €
Zins für den Zeitraum vom 5.9. bis 15.9.: 0,47 €
Insgesamt: 5,47 € Sollzinsen
Kontobewegungen: −1612,50 €; +1356,75 €, −2467,45 €, +1220,30 €, +825,35 €, −565,75 €

8 a) 113 Tage b) 141 Tage c) 328 Tage

9 Herr Thelen hätte 101,89 € an Zinsen gespart.

10 a) Es ist günstiger, das Skonto zu nutzen (Differenz: 257 € − 107,08 €).
b) Ab einem Zinssatz von 14,4% ist es günstiger, das Geld auf der Bank zu lassen.

11 Der Kontoüberzug lohnt sich, da er dafür lediglich 7,61 € zahlen muss.

Üben • Anwenden • Nachdenken

Seite 157

1 a) In der letzten Saison waren es 34 039 Zuschauer je Spiel.
b) Es muss nochmals eine Steigerung um rund 3,7% stattfinden.
c) Im Durchschnitt waren es 24 714 Zuschauer in der zweiten Liga.

2 Auf die gesamten Zuschauer bezogen waren 41% oder 16 268 Zuschauer sehr zufrieden, 32% oder 12 697 Zuschauer waren zufrieden, 22,5% oder 8928 Zuschauer waren nicht zufrieden und keine Meinung hatten 4,5% oder 1785 Zuschauer.
Wenn man davon ausgeht, dass neben den zufriedenen Zuschauern auch die unentschlossenen wiederkommen, so sind dies 30 750 Zuschauer.

3 a) Bei einer Verlängerung der Seiten um 10% ändert sich der Umfang um 10% und der Flächeninhalt um 21%. Werden die Seiten verdoppelt, so verdoppelt sich der Umfang ebenfalls und der Flächeninhalt vervierfacht sich.
b) Werden die Kantenlängen des Würfels um 50% verlängert, so ist die Oberfläche des neuen Würfels 2,25-mal so groß wie vorher und das Volumen ist 3,375-mal so groß.
Werden die Kantenlängen des Würfels um 50% verkürzt, so ist die Oberfläche des neuen Würfels nur noch 0,25-mal so groß wie vorher; das Volumen verkleinert sich um den Faktor 0,125.

4 a) Y ist 200% von X, also das Doppelte. In Bruchteilen: $\frac{1}{2} \cdot Y = X$.
b) Wenn X 10% von Y ist, dann gilt: $X = 0{,}1 \cdot Y$.
Somit ist $Y = 10\,X$, also nicht 90% von X, sondern 1000%.

Prozentsatz und Prozentpunkte

- … falsch

… wahr
… wahr
… wahr
… wahr
… falsch

Seite 158

5 a) Man darf nicht einfach 35 % abziehen. Die 25 % Rabatt beziehen sich auf den ursprünglichen Preis. Die 10 % Sonderrabatt beziehen sich jedoch auf den bereits reduzierten Preis.
b) Herr Kuhnle muss 201,49 € bezahlen.
c) Dann müsste er genauso viel zahlen, da das Produkt $0{,}9 \cdot 0{,}75$ gleich bleibt.

6 Der Händler könnte sogar mit einer Reduzierung von teilweise über 80 % werben.

7 a) Beim Heimtrainer wurde relativ gesehen mehr gespart (20,08 % im Vergleich zu 16,72 % beim Crosstrainer.)
b) Die Preisreduzierung von 30 € entspricht einem Prozentsatz von 30,3 %. Die Aussage ist also richtig.

8 Die Möhren wurden für 96 € verkauft, dem Händler verbleibt ein Gewinn von 16 €. Der Verlust bei den Kartoffeln entspricht 12 €.

9 Unter der Voraussetzung, dass alle Teile gleich viel kosten, spart man beim ersten Angebot 25 %, beim zweiten Angebot sogar 33,33 %.

10 Die Angebote A und C sind gleich gut, man spart dabei 4,8 % vom Listenpreis.

11 Der Verkäufer erleidet einen Gesamtverlust von 303,04 €, da sich der Gewinn nicht mit dem Verlust aufhebt.

12 a) Bei der ersten Tankstelle kostete der Liter 1,11 €, bei der zweiten Tankstelle zahlte er 1,07 € je Liter. Damit hat sich der Preis um 3,6 % verbilligt.
b) Sein Verbrauch hat sich von 7,55 l/100 km auf 7,22 l/100 km verringert, dies entspricht einem Prozentsatz von rund 4,4 %.

13 Die Prozentangaben dürfen nicht einfach addiert werden, da sie sich auf die unterschiedlichen Heizkosten beziehen. Wenn man Herrn Spahr folgt, könnte man die Heizkosten durch Modernisierung auf Null senken.

14 Es macht keinen Unterschied, ob man zuerst das Skonto und dann den Rabatt abzieht oder umgekehrt.

Seite 159

15 a) Die gestaffelte Steigerung ergibt einen Gesamtprozentsatz von 71,6 % und ist somit günstiger als die einmalige Steigerung um 70 %.
b) Eine fünfmalige Erhöhung um 10 % entspricht einer Steigerung um 61,05 % und ist daher besser als eine einmalige Steigerung um 60 %.

16 Bei einer Teilnehmeranzahl von 20 Personen sind beide Angebote gleich gut. Bei 30 Teilnehmern ist Wandervogel mit drei Freiplätzen besser als Travel mit zwei Freiplätzen.

17 a) Die Ersparnis beträgt 25 %.
b) Die prozentuale Ersparnis wird geringer (20 % bei „Nimm 5, zahl 4" gegenüber 16,7 % bei „Nimm 6, zahl 5").

18 Der Spar-Kredit ist insgesamt um 25 € teurer als der Bar-Kredit.

19 Zahlt man in Raten, so kostet der Rasenmäher 431,28 €. Dies entspricht Zinsen von 82,28 € bzw. einem Zinssatz von 23,58 %.

20 Katjas Guthaben beträgt 3000 €.

Erstaunliche Leistung

- Der Weltrekord wurde um 20,7 % verbessert.
- Theoretisch ist das zwar möglich, aber grundsätzlich besteht kein proportionaler Zusammenhang zwischen Lebensalter und Laufgeschwindigkeit.
- Bei dieser Steigerung läge der neue Weltrekord bei 7,76 Sekunden.

Seite 160

Sparen – Jahr für Jahr

- individuelle Lösung
- Nach sechs Jahren hat er 1964,23 €.
- Im achten Jahr hat er erstmals mehr als 2500 €.
- Nach 10 Jahren hat er insgesamt 445,04 € Zinsen erhalten.

Formel: $Z = 300 \cdot (1{,}025^{10} + 1{,}025^{9} + 1{,}025^{8} + \ldots + 1{,}025^{2} + 1{,}025)\,€ - 10 \cdot 300\,€$

- **Entwicklung des Kapitals**

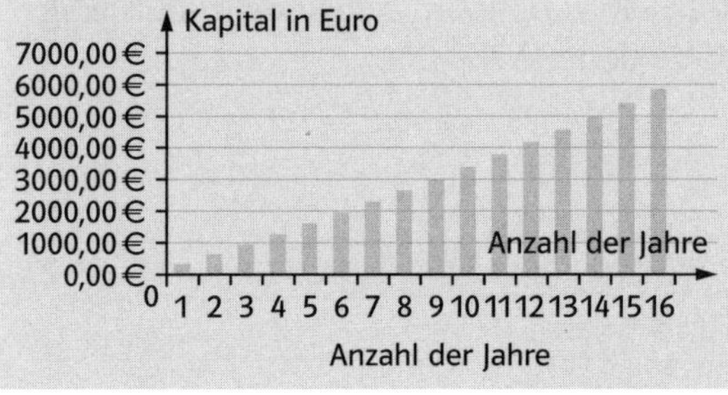

- **Entwicklung der Zinsen**

- individuelle Lösung
- **Verdoppelte Einzahlung**

- **Verdoppelte Zinsen**

21 Nach einem Jahr hat Fatih 707 € auf seinem Sparbuch, Serpil hat 661,38 € und Merve besitzt dann 587,94 €.

22 a) Im Monat sind es 2 % Zinsen.
b) Die Jahreszinsen betragen dann 1200 €, dies entspricht einem Zinssatz von 24 %.
c) Die niedrigen Monatszinsangaben erscheinen dem Kunden attraktiv. Aus Gründen der Transparenz wird der Jahreszinssatz angegeben, da Kredite oftmals eine längere Laufzeit haben.

23 Marlene hat am Ende des Jahres ein Guthaben von 527,82 €.

24 a) Das Vermögen müsste 61 538 461,54 € betragen, wenn die Preisgelder nur aus den Zinserträgen bezahlt werden sollen.
b) Der Zinssatz betrug 8,42 %.
c) Alfred Nobel, geb. 21.10.1833 in Stockholm, gest. 10.12.1896 in San Remo. Es gibt u.a. Nobelpreise für Physik, Chemie, Medizin, Literatur, Frieden, Wirtschaftswissenschaften …

8 Daten

Auftaktseite: Jugendliche und Fernsehen

Seiten 162 bis 163

individueller Fragebogen
individuelle Urliste
individuelle Auswertung
individuelle Ergebnisse

1 Daten erfassen

Seite 164

Einstiegsaufgabe
➔ Individueller Fragebogen. In dem Fragebogen kann zum Beispiel danach gefragt werden, wie häufig die Schülerzeitung erscheinen soll, welche Themen darin vorkommen sollen, ob der betreffende Schüler oder die Schülerin eine Schülerzeitung kaufen würde, wie viele Seiten die Schülerzeitung haben sollte, ob die Leser eine Seite möchten, auf der sie grüßen können.

Seite 165

1 a) Ja-/Nein-Fragen sind gut auszuwerten, aber z.T. schwer eindeutig zu beantworten.
Sonstige freie Antworten sind schwer auszuwerten. Es kann sinnvoll sein, nach dem Geschlecht, Alter oder Anzahl der Geschwister zu fragen, da man dann die Befragung unter verschiedenen anderen Aspekten auswerten kann.
b) Individuelle Lösung. Man kann Fragen aus Teilaufgabe a) zur Hilfe nehmen. Überlege, wie man die Fragen formulieren muss, damit sie verständlich und einfach zu beantworten, aber auch gut auszuwerten sind.
c) individuelle Lösung

Fragebögen und ihre Wirkung

▪ Die Formulierungen haben sicher zu unterschiedlichen Ergebnissen geführt. Ein möglicher Grund kann die Verneinung im Fragebogen 2 sein. Viele Leute lesen über das „nicht" hinweg und beantworten stattdessen die Aussage „Kaugummi kauen im Unterricht sollte erlaubt sein."
▪ Die Fragen sind so formuliert, dass die Auswertung des Fragebogens ganz sicher zu einem eindeutigen Ergebnis führt: Es soll einen Schulkiosk geben. Die ersten beiden Fragen sind so gestellt, dass sicher die meisten Eltern ein „Ja" ankreuzen. Die dritte Frage geht im Prinzip schon davon aus, dass es einen Schulkiosk gibt. Und die letzte Frage wird, nachdem dann im Prinzip schon drei Antworten positiv ausfielen, sicher auch mit „Ja" beantwortet. Es handelt sich hier als keineswegs um einen neutralen Fragebogen!
▪ Die dritte Aussage bestärkt Eltern sicher darin, **für** einen Schulkiosk zu stimmen, da ihnen das Gefühl vermittelt wird, ihrem Kind durch den Schulkiosk eine gesunde Ernährung zukommen zu lassen. Auch Aussagen wie „Mein Kind bringt sein Frühstück oft wieder mit nach Hause, weil es lieber etwas anderes gegessen hätte." oder „Mein Kind vergisst sein Frühstück manchmal zu Hause." lassen die Eltern eher für einen Schulkiosk stimmen. Die entgegengesetzte Wirkung haben vermutlich die Feststellungen „Ich gebe meinem Kind regelmäßig ein gesundes Frühstück mit an die Schule. Ein Kiosk ist nicht nötig." oder „Ich möchte nicht, dass mein Kind Geld für Süßigkeiten ausgibt und gebe ihm normalerweise kein Geld mit."
▪ Mögliche Fragen sind:
1. Ich bereite für mein Kind regelmäßig ein gesundes Frühstück zu.
2. Ich achte gewöhnlich darauf, dass mein Kind sein Frühstück nicht zu Hause vergisst.
3. Ich gebe meinem Kind ein gesundes Frühstück mit, das es gerne isst.
4. An der Schule sollte es einen Kiosk geben.

▪ Allgemein anerkannten Ansichten stimmt man leicht zu. Dies sind Aussagen wie „Ich möchte, dass sich mein Kind gesund ernährt." oder „Mein Kind soll in der Pause etwas essen."
Dies gilt auch für Aussagen, die etwas Spielraum lassen wie „Normal achte ich darauf, dass mein Kind frühstückt."
Aussagen wie „Mein Kind nimmt immer ein Frühstück mit." kann man schwerer zustimmen, weil einem sofort die eine Ausnahmesituation in den Sinn kommt. Auch Aussagen, die einem das Gefühl geben, dass man etwas falsch macht, stimmt man ungern zu. Zum Beispiel:
„Ich habe morgens keine Zeit, deshalb kauft sich mein Kind auf dem Weg zur Schule etwas zu essen."
Hat man zu viele Aussagen, die in eine bestimmte Richtung gehen, kann man das Ergebnis in eine Richtung beeinflussen, die man selbst gerne hätte. Die Umfrage liefert dann keine objektiven Ergebnisse.

Seite 166

2 a) geringster Erfolg: Oktober; größter Erfolg: Mai
Der Unterschied beträgt 35 Punkte.
b) 513 Punkte durchschnittlich pro Wettkampf;
7 Punkte durchschnittlich pro Schuss
c) Nein, denn nur im April, Mai, Juni, September und Dezember hat sie mehr als 515 Punkte erzielt.
d) Maximum, Minimum, Spannweite, Mittelwert, Zentralwert

3 Reaktionszeit nüchtern: $\frac{8,57}{10}$ s
Reaktionszeit bei 0,5 ‰: $\frac{10,27}{10}$ s
Reaktionszeit bei 0,8 ‰: $\frac{11,28}{10}$ s
Reaktionszeit bei 1,2 ‰: $\frac{12,7}{10}$ s
Die Reaktionszeit der Testpersonen nimmt bei steigendem Alkoholgehalt immer mehr ab. Das bedeutet, dass die Fahrtüchtigkeit mit steigendem Alkoholgehalt immer geringer wird.

4 a) Klasse 8 a: Ein Schüler lässt ein Lineal fallen, dass ein anderer Schüler möglichst schnell, d. h. nach möglichst wenigen Zentimetern auffangen soll.
Klasse 8 b: Sobald ein Schüler eine Taste drückt, läuft eine Uhr. Ein weiterer Schüler soll nun eine weitere Taste möglichst schnell drücken, woraufhin die Uhr stoppt.
8 a: Länge
8 b: Zeit
b) Bei Klasse 8 a ist der Aufbau einfacher, das Ergebnis des Experiments von Klasse 8 b ist genauer.
c) individuelle Lösungen

5 a) Ein schwerer Strohhalm fliegt weiter, weil er verglichen mit seinem Gewicht den geringeren Luftwiderstand hat.
b) Von der Startlinie aus werden zwei unterschiedlich schwere Strohhalme geworfen und es wird gemessen, wie weit sie geflogen sind.
c) individuelle Lösungen

2 Daten auswerten

Seite 167

Einstiegsaufgabe
→ Maximum: 15; Minimum: 5; Spannweite: 10; Zentralwert: 10; Mittelwert Jungen: 9,9; Mittelwert Mädchen: 10,3.
Obwohl die ersten Kennwerte gleich sind, unterscheiden sich die Mittelwerte.

→ Weniger als 50 % der Mädchen benötigen pro Woche 5 bis 10 Stunden für die Hausaufgaben.
→ individuelle Lösung

Seite 169

1 a)

n = 12	3	6	9
Platz	3./4.	6./7.	9./10.
Quartil	$q_u = 8$	z = 14	$q_o = 20$

q = 12
b)

n = 11	2,75	5,5	8,25
Platz	3	6	9
Quartil	$q_u = 10$	z = 12	$q_o = 18$

q = 8
c)

n = 10	2,5	5	7,5
Platz	3	5./6.	8
Quartil	$q_u = 24$	z = 57	$q_o = 78$

q = 54
d)

n = 12	3	6	9
Platz	3./4.	6./7.	9./10.
Quartil	$q_u = 4$	z = 11,5	$q_o = 19$

q = 15

2

n = 25	6,25	12,5	18,75
Platz	7	13	19
Quartil	$q_u = 8$	z = 15	$q_o = 28$

q = 20; z = 15; Min = 0; Max = 85;
Spannweite = 85; Mittelwert = 20,72

n = 21	5,25	10,5	15,75
Platz	6	11	16
Quartil	$q_u = 8$	z = 15	$q_o = 26$

q = 18; z = 15; Min = 5; Max = 35;
Spannweite = 30; Mittelwert = 17,81
Hat man in der Rangliste wenige sehr große oder sehr kleine Werte und streicht diese, so verändern sich das Minimum, das Maximum und die Spannweite sehr stark, während der Quartilabstand, das obere und das untere Quartil und der Zentralwert nahezu unverändert bleiben.

3 a) Gemeinsamkeiten: Minimum, Maximum, Spannweite, Zentralwert
Unterschiede: unteres Quartil, oberes Quartil, Quartilabstand

b) Mittelwert = 7 in beiden Listen; Spannweite = 12 in beiden Listen; Zentralwert = 8 in beiden Listen
c) rosa Liste:

n = 11	2,75	5,5	8,25
Platz	3	6	9
Quartil	$q_u = 7$	z = 8	$q_o = 9$

q = 2
blaue Liste:

n = 11	2,75	5,5	8,25
Platz	3	6	9
Quartil	$q_u = 2$	z = 8	$q_o = 12$

q = 10
vgl. Teilaufgabe a)

4

	a)	b)	c)	d)
Minimum	0	4	13	3,5
Unteres Quartil	5	9	24	7,0
Oberes Quartil	19	17	36	9,5
Maximum	34	31	41	12,0
Quartilabstand	14	8	12	2,5
Spannweite	34	27	28	8,5

5 a)

n = 54	13,5	27	40,5
Platz	14	27./28.	41
Quartil	$q_u = 3$	z = 4	$q_o = 7$

q = 4
b)

n = 43	10,75	21,5	32,25
Platz	11	22	33
Quartil	$q_u = 5$	z = 10	$q_o = 12$

q = 7
c)

n = 313	78,25	156,5	234,75
Platz	79	157	235
Quartil	$q_u = 2$	z = 3	$q_o = 3$

q = 1

6 a) Gemeinsamkeiten: Minimum, unteres Quartil
Unterschiede: Zentralwert, oberes Quartil, Maximum, Mittelwert
b) • richtig
• richtig, denn der Quartilabstand ist für die Jahrgangsstufe 8 größer als für die Jahrgangsstufe 5.
• falsch: mehr als 6 Stunden
c) Mögliche Lösungen:
Durchschnittlich nutzen die Schülerinnen und Schüler der Jahrgangsstufe 8 das Internet länger als die Schülerinnen und Schüler der Jahrgangsstufe 5.
Die Schülerinnen und Schüler, die das Internet am längsten nutzen, findet man in der Jahrgangsstufe 8.

Seite 170

7 Jungen:

n = 54	13,5	27	40,5
Platz	14	27./28.	41
Quartil	$q_u = 0$	z = 1	$q_o = 3$

q = 3; Mittelwert = 1,9
Mädchen:

n = 48	12	24	36
Platz	12./13.	24./25.	36./37.
Quartil	$q_u = 1$	z = 2	$q_o = 3$

q = 2; Mittelwert = 2,3
Unterschiede: Spannweite, Maximum (Diejenigen, die am meisten bestellen sind Jungen.), unteres Quartil (25 % der Jungen bestellen nie.), Quartilabstand (Die Hälfte aller Mädchen bestellt 1-, 2- oder 3-mal.), Mittelwert (Die Mädchen bestellen durchschnittlich mehr.).
Gemeinsamkeiten: Minimum, oberes Quartil

8 Individuelle Lösungen.
Man erstellt eine Rangliste wie in Aufgabe 7 und wertet sie genauso aus. Wenn der Artikel für alle verständlich sein soll, muss man auf Begriffe wie unteres oder oberes Quartil, Quartilabstand, Spannweite oder Ähnliches verzichten. Besser wäre: 25 % der Schüler schreiben weniger als x SMS. 50 % der Schülerinnen schreiben x SMS.

Quartile mit dem Computer

▪ 2; 17,5; 47
Die Zahlen bedeuten:
0: Minimum
1: unteres Quartil
2: Zentralwert
3: oberes Quartil
4: Maximum

▪

Rangplatz	Handyausgaben
1.	2
2.	4
3.	5
4.	5
5.	6
6.	7
7.	10
8.	11

9.	13
10.	13
11.	14
12.	14
13.	14
14.	15
15.	15
16.	16
17.	17
18.	17
19.	18
20.	19
21.	20
22.	20
23.	21
24.	21
25.	22
26.	23
27.	25
28.	25
29.	29
30.	30
31.	32
32.	32
33.	33
34.	34
35.	35
36.	47

Wenn man die grau unterlegten Bereiche der Rangliste betrachtet, erkennt man, dass die Aussagen richtig sind.
- individuelle Lösung
- Individuelle Lösung; man beachte aber die Tipps in Aufgabe 8.

3 Daten darstellen und beurteilen

Seite 171

Einstiegsaufgabe

➔ Klasse 5: Minimum = 1; Maximum = 10; q_u = 3; q_o = 5; z = 4,5; Mittelwert = 4,63
Klasse 8: Minimum = 0; Maximum = 10; q_u = 4; q_u = 6; z = 5; Mittelwert = 4,59
Klasse 5 hat den höheren Mittelwert.

Seite 172

1 a)

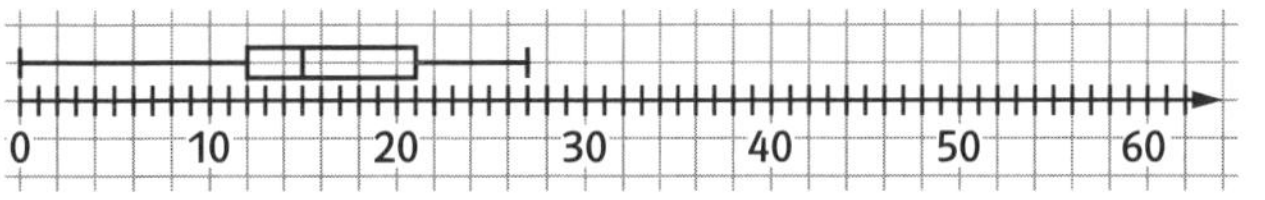

b)

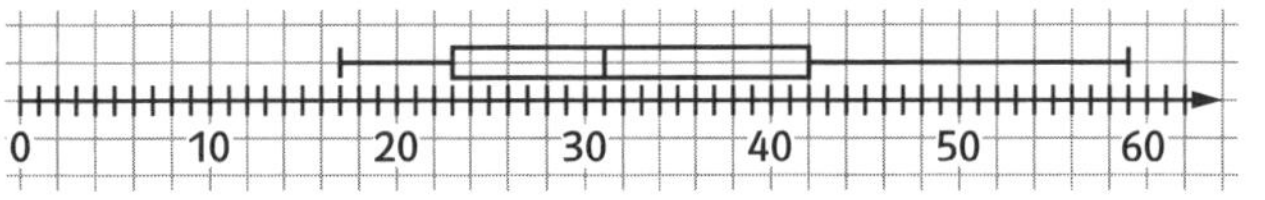

c)

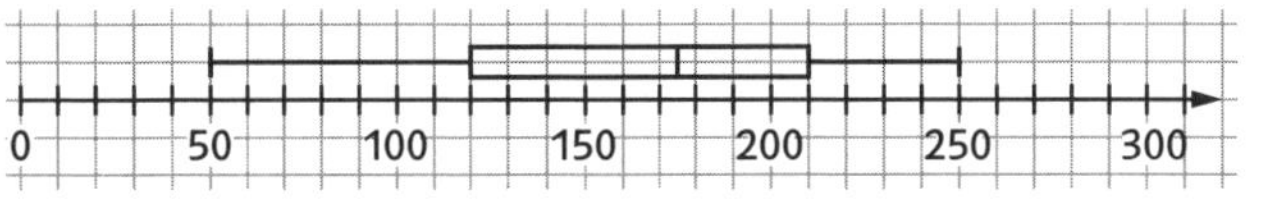

2 a)

	Rangplatz	Wert
Minimum	1	5
Unteres Quartil	5	14
Zentralwert	9/10	19
Oberes Quartil	14	27
Maximum	18	36

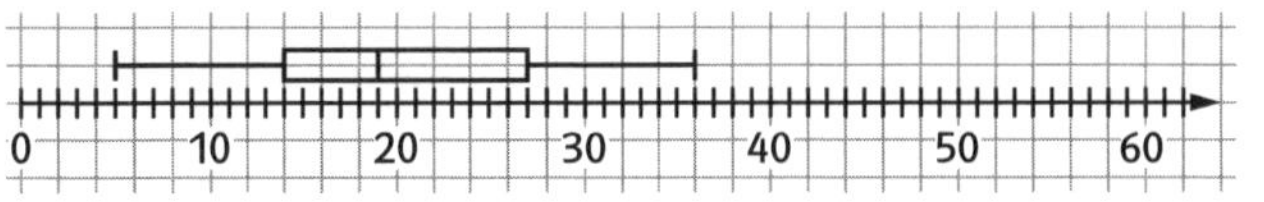

b)

	Rangplatz	Wert
Minimum	1	0
Unteres Quartil	4	26
Zentralwert	8	33
Oberes Quartil	12	40
Maximum	15	51

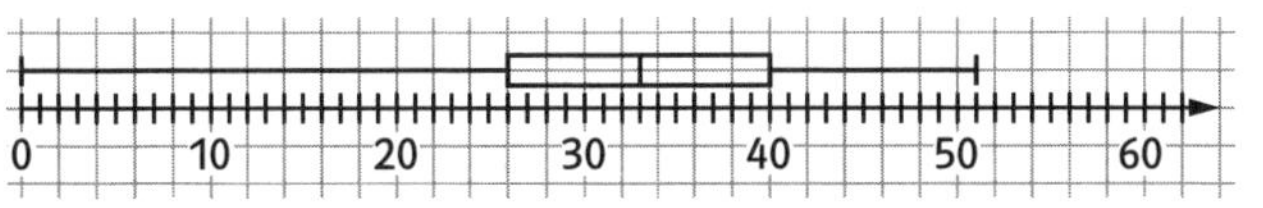

3 a)

in €	20–29	30–39	40–49	50–59
Minimum	5	5	0	0
q_u	15	25	10	5
z	35	35	25	10
q_o	45	40	30	20
Maximum	60	55	50	50

b) Bei der Altersgruppe der 20- bis 29-Jährigen streuen die Handykosten zwischen 5 € und 60 €. Mindestens 25 % geben nicht mehr als 15 € aus, mindestens 50 % zwischen 15 € und 45 €.
Bei der Altersgruppe der 30- bis 39-Jährigen streuen die Handykosten zwischen 5 € und 55 €. Minde-

stens 25% geben nicht mehr als 25€ aus, mindestens 50% zwischen 25€ und 40€.
Bei der Altersgruppe der 40–49-Jährigen streuen die Handykosten zwischen 0€ und 50€. Mindestens 25% geben nicht mehr als 10€ aus, mindestens 50% zwischen 10€ und 30€.
Bei der Altersgruppe der 50–59-Jährigen streuen die Handykosten zwischen 0€ und 50€. Mindestens 25% geben nicht mehr als 5€ aus, mindestens 50% zwischen 5€ und 20€.
c) Bei der Altersgruppe der 20–29-Jährigen streuen die Handykosten zwischen 15€ und 45€ am meisten, bei der Altersgruppe der 50–59-Jährigen zwischen 5€ und 20€ bzw. bei der Altersgruppe der 30–39-Jährigen zwischen 25€ und 40€ am wenigsten.
Kein Geld für Handygebühren geben nur Repräsentanten der Altersgruppen von 40–49 und von 50–59 aus, die meisten Gebühren zahlen die 20–29-Jährigen mit bis zu 60€. Die Zentralwerte sind bei den 20–29-Jährigen und bei den 30–39-Jährigen mit 35€/Monat gleich groß. Die anderen Altersgruppen geben im Mittel nur 25€ bzw. 10€ aus.
Während mindestens 25% der 20–29-Jährigen höchstens 15€ ausgeben, sind es in den anderen Gruppen 25€, 10€ bzw. 5€. Während mindestens 25% der 20–29-Jährigen mehr als 45€ ausgeben, sind es in den anderen Altersgruppen absteigend nur 40€, 30€ und 20€.

4 rosa:

	Rangplatz	Wert
Minimum	1	0
Unteres Quartil	4	5
Zentralwert	7	7
Oberes Quartil	10	9
Maximum	13	15

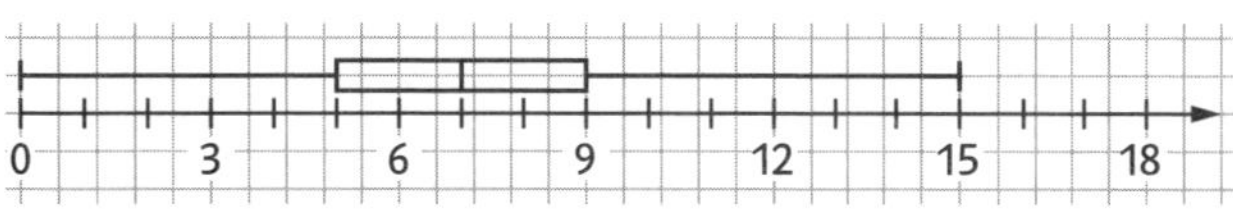

blau:

	Rangplatz	Wert
Minimum	1	0
Unteres Quartil	4	5
Zentralwert	7	7
Oberes Quartil	10	9
Maximum	13	15

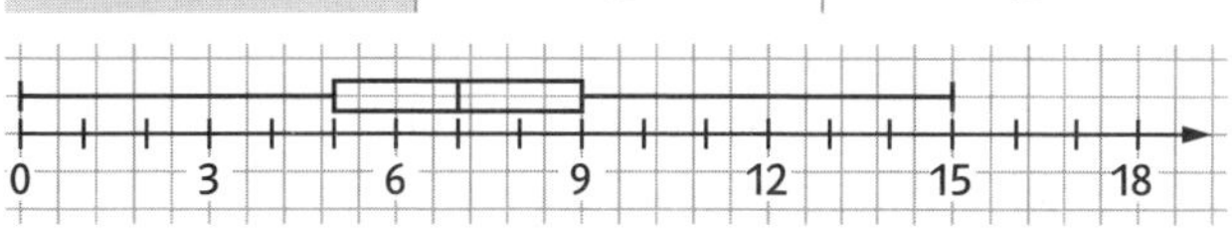

Alle Kennwerte stimmen trotz unterschiedlichen Daten überein.

5 a)

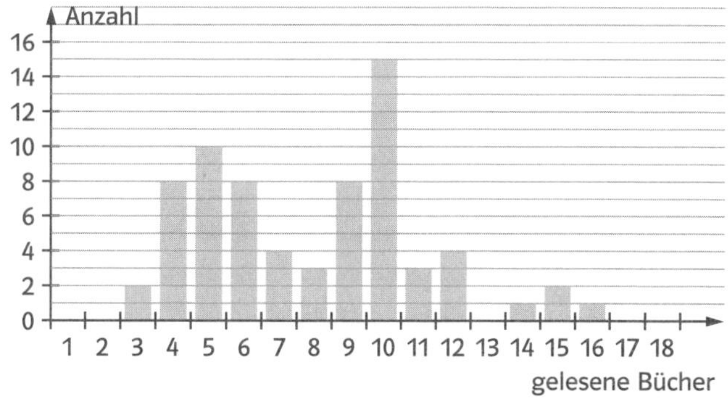

b)

	Rangplatz	Wert
Minimum	1	3
Unteres Quartil	18	5
Zentralwert	35	8
Oberes Quartil	52	10
Maximum	69	16

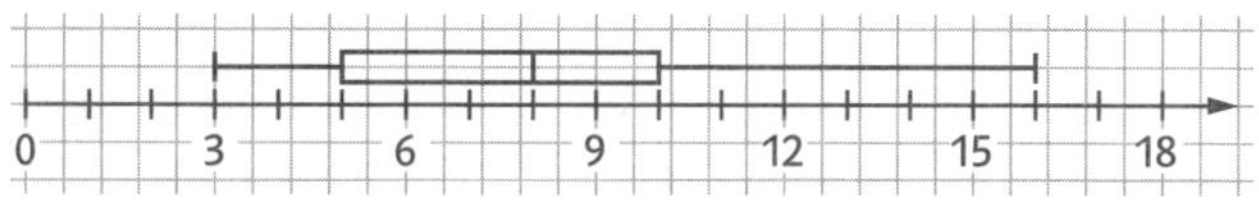

c) Individuelle Lösung. Bei deinen Formulierungen kann man sich an den Formulierungen aus dem einleitenden Beispiel auf Schülerbuchseite 172 oben und aus Aufgabe 3 orientieren.

Seite 173

6 a) Mädchen:

	Rangplatz	Wert
Minimum	1	159
Unteres Quartil	3./4.	162,5
Zentralwert	6./7.	165
Oberes Quartil	9./10.	167
Maximum	12	170

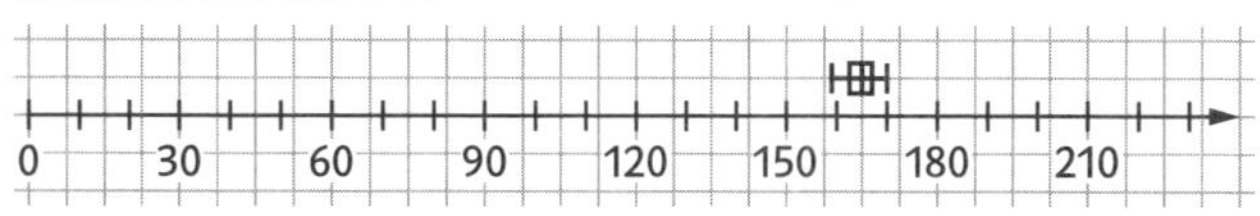

Jungen:

	Rangplatz	Wert
Minimum	1	160
Unteres Quartil	4	168
Zentralwert	8	171
Oberes Quartil	12	181
Maximum	15	192

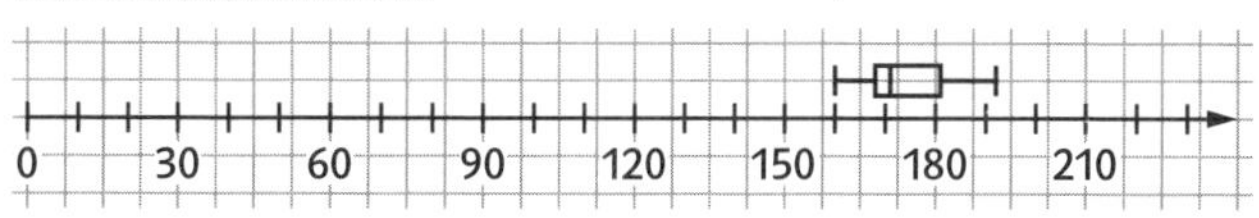

Mädchen sind kleiner als Jungen.
b) individuelle Lösung

7 Da nur Tüten verkauft werden können und dürfen, in denen 500 g enthalten sind, sollte auf jeden Fall Maschine 1 nachjustiert werden, da hier 25 % der Tüten weniger als 499 g haben und 25 % mehr als 503 g. Die Firma müsste hier die Hälfte der Mehltüten aussortieren. Dies ist auch bei Maschine 4 der Fall.
Die Maschinen 2 und 3 sind eigentlich gut eingestellt, da hier eigentlich weniger als 25 % aussortiert werden müssen. 3–5 g mehr als 500 g kann die Firma verkraften und freut den Kunden.

Papierflieger

- individuelle Lösungen
- Individuelle Lösungen. Bei der Erstellung des Boxplots kannst du dich am Vorgehen in Aufgabe 6a auf dieser Seite orientieren.
- Individuelle Lösungen. Achte beim Vergleich der Flugeigenschaften darauf, wie sich die Lage des Zentralwerts ändert, ändert sich der Quartilabstand, d.h. liegen die Flugweiten enger zusammen, ändern sich Maximum und Minimum, d.h. gibt es weitere einzelne Flüge mit größeren Flugweiten, obwohl sich der Zentralwert nur unwesentlich ändert.
- Individuelle Lösungen. Die besten Flugeigenschaften haben die Flieger, deren zentrale Hälfte eine hohe Flugweite aufweisen oder deren Mittelwert der Flugweite sehr hoch ist.

Üben • Anwenden • Nachdenken

Seite 175

1 Alter bis 30 Jahre

	Rangplatz	Wert
Minimum	1	0
Unteres Quartil	35	3
Zentralwert	69./70.	5
Oberes Quartil	104	6
Maximum	138	12

Alter über 30 Jahre

	Rangplatz	Wert
Minimum	1	0
Unteres Quartil	30	1
Zentralwert	60	2
Oberes Quartil	90	5
Maximum	119	12

a) Unter den über 30-Jährigen sind dies nur 28,6 %, nicht 30 %.
Mehr als 50 % von ihnen versenden zwischen 3 und 6 E-Mails, nicht 4 und 6.
Die Spanne von 0 bis 12 E-Mails ist bei beiden Gruppen gleich.
b) Individuelle Lösung. Man nutzt die Informationen, die man aus den Boxplots herauslesen kann. Eine Hilfe kann die Lösung aus dem einführenden Beispiel auf Schülerbuchseite 171/172 sein.
c) Mögliche Gesichtspunkte sind, wie viele Stunden die Eltern das Internet pro Woche nutzen, wie viele Stunden davon sie das Internet privat nutzen oder wie oft im Monat sie etwas im Internet bestellen.

2 a) Mögliche Lösungen:
Welche Noten gibst du dem Informationsgehalt?
Wie viele (Seiten) Werbeanzeigen dürfen deiner Meinung nach in der Schülerzeitung sein?
b) 1. und 4. Minimum; Maximum; unteres und oberes Quartil; Zentralwert; Mittelwert
2. Balkendiagramm
3. keine
c) individuelle Lösung
1. und 4. Boxplot; 2. Balkendiagramm

3 a)

Rangplatz	Wert	Rangplatz	Wert
1	0	12	2
2	0	13	2
3	0	14	2
4	0	15	2
5	0	16	3
6	1	17	3
7	1	18	5
8	1	19	6
9	1	20	6
10	1	21	7
11	1	22	7
		23	9

b)

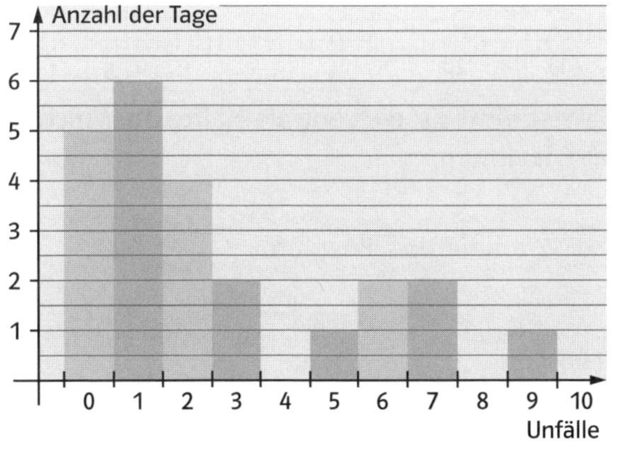

c)

	Rangplatz	Wert
Minimum	1	0
Unteres Quartil	6	1
Zentralwert	12	2
Oberes Quartil	18	5
Maximum	23	9

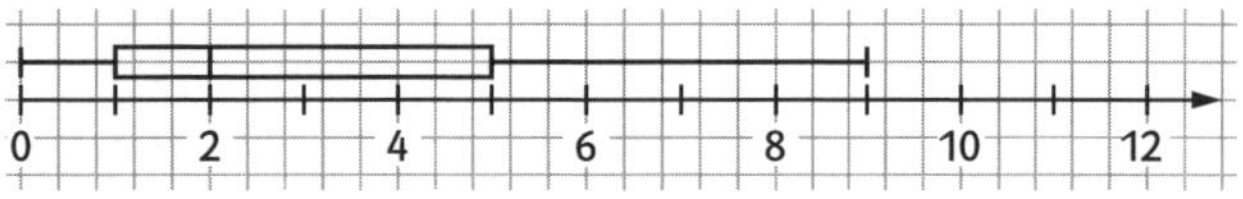

In 50 % aller Fälle geschehen 1–5 Unfälle, im Mittel 2 (pro Tag).

Seite 176

4 Gemeinsamkeiten: unteres und oberes Quartil
Unterschiede: Median (Boxplot) – Mittelwert (Perzentilband)
Perzentilbänder veranschaulichen nicht das Minimum und Maximum. Sie haben dafür das 5%-, 10%-, 90%- und 95%-Quantil.
Vorteile des Perzentilbandes: Man kann ablesen, in welchem Spektrum 80 % (zwischen 10%- und 90%-Perzentil) und 90 % der Versuchspersonen liegen.
Nachteil: Man kann die Extremwerte nicht einsehen. Bei der PISA-Studie interessiert es jedoch nicht, ob besonders gute oder schlechte Leistungen erbracht wurden, sondern wie die Mehrheit (80 % bzw. 90 %) abgeschnitten haben. Bei so vielen Versuchspersonen kann es vorkommen, dass einer gar nichts bzw. alles gewusst hat, dann müsste man das Schaubild wegen der Antennen vergrößern.

5

	5. Klasse	10. Klasse
Minimum		7
Unteres Quartil	5	10
Zentralwert	9	16
Oberes Quartil	13	20
Maximum	45	35

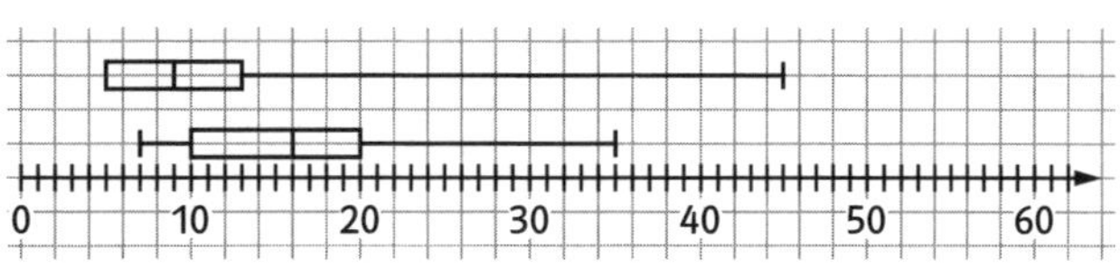

Der Satz stimmt für die zentrale Hälfte aber nicht für das Maximum.

Stabdiagramme und Boxplots

▪

	Rangplatz	Wert
Minimum	1	1
Unteres Quartil	10	2
Zentralwert	19	3
Oberes Quartil	28	5
Maximum	37	9

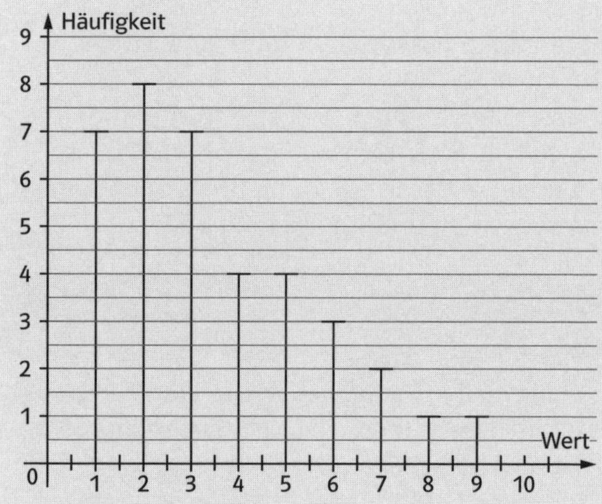

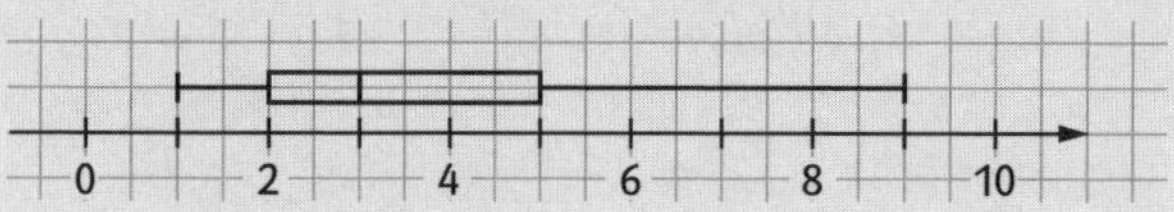

▪ Das Stabdiagramm vermittelt einen Eindruck des Verlaufs (hier: Die größten Häufigkeiten liegen bei den kleineren Werten.) Man kann außerdem exakte Häufigkeiten ablesen. Der Boxplot hilft einem, die Häufigkeiten prozentual abzuschätzen. Man sieht an der Länge der Antennen sehr schnell, ob es bei den Werten Ausreißer nach oben oder unten gibt und am Quartilabstand, ob die Werte stark streuen oder nicht.

▪

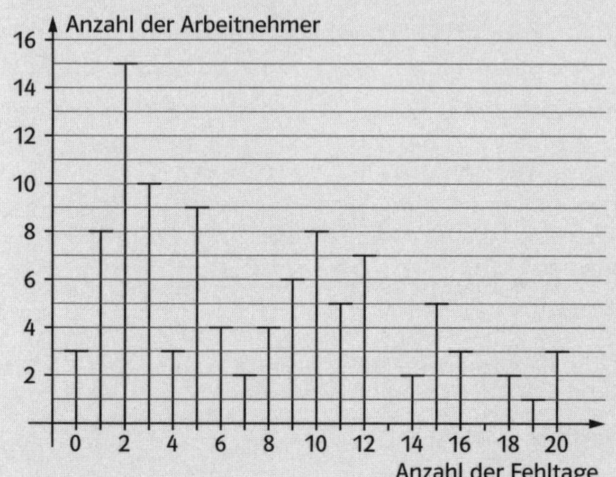

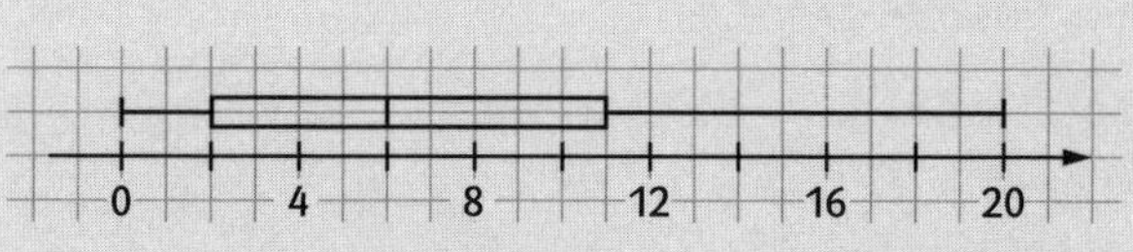

Am Boxplot sieht man, dass 25 % der Arbeitnehmer weniger als 3 Tage fehlen.
25 % der Arbeitnehmer fehlen 11 oder mehr Tage.
Die Hälfte der Arbeitnehmer fehlt mindestens 6 Tage.